U0294503

外国传统的城市空间构画

——神工天巧 文明互鉴

苏则民 著

中国建筑工业出版社

目 录

城市的规划、建设和管理是一个庞大的综合的系统工程，涉及各个领域。城市的空间构图主要从美学角度来阐述城市的空间形态。

这里所谓城市空间指的是各类人居环境，包括城市，包括村落，也包括各种有人活动的开敞空间和山水自然。

城市空间有各种"形态"。"形态"可以是客观存在、自然形成的；"形态"也可以是人为的，按人的主观意图，塑造一种"形态"，这是"构图"，含有美学概念。

一、追寻文明

文明指人类在物质、精神和社会结构方面所达到的进步状态。所有文明在初期都是有神论。自然就是神，神就是自然。人类按自己的想象力来解释自然和社会现象，产生神话。

距今五六千年前，最早的人类文明出现了，人类彻底脱离了动物界。一般认为，基本的"文明要素"是城市、文字、冶金术和礼仪中心四项。

巴比伦文明、埃及文明、印度文明和中华文明被称为世界四大古代文明。巴比伦文明和埃及文明二者在地中海上相遇，产生了希腊文明。此外，印第安文明也是世界重要的古代文明之一。

（一）埃及文明——太阳崇拜

约从公元前3500年开始，尼罗河两岸陆续出现几十个奴隶制小国。约公元前3100年，建立统一的古代埃及。古埃及国王即法老，拥有至高无上的权力。他们被看作是神的化身。他们为自己修建了巨大的锥体陵墓——金字塔，金字塔就成了法老权力的象征。

（二）希腊文明：卫城——圣地

公元前8—前6世纪，西方世界形成了两种类型的国家——氏族制部落、共和制城邦。在氏族制部落中，政治、军事和宗教中心是卫城

（Acropolis）。在部落首领的宫殿里，正室中央设置祭祀祖先的火塘，作为全氏族的宗教象征。在共和制城邦里，民间的守护神崇拜代替了祖先崇拜，守护神的祭坛代替了贵族正室里的火塘。氏族贵族的寡头们退出了卫城，卫城转变成了守护神的圣地（The Holy Land）。

（三）古罗马文明

公元前9世纪初至476年在意大利半岛中部兴起古罗马文明（Ancient Rome Civilization），历罗马王政时代、罗马共和国，于1世纪前后扩张成为横跨欧洲、亚洲、非洲的罗马帝国。395年，罗马帝国分裂为东西两部。西罗马帝国亡于476年。东罗马帝国（即拜占庭帝国）变为封建制国家，逐渐希腊化，1453年为奥斯曼帝国所灭。

（四）印度文明

在中亚地区，"雅利阿"（Aira）部落集团于公元前1500—前700年进入印度（India），带来新的文化体系——吠陀文化（Vedic Culture）。

（五）印第安文明

印第安三大古老文明包括印加文明、玛雅文明与阿兹特克文明。

印加文明是南美洲古代印第安人文明。印加为其最高统治者的尊号，意为太阳之子。15世纪起势力强盛，极盛时期的疆界以今秘鲁和玻利维亚为中心，北抵哥伦比亚和厄瓜多尔，南达智利中部和阿根廷北部，首都在秘鲁南部的库斯科。

玛雅文明是美洲印第安玛雅人在与亚、非、欧古代文明隔绝的条件下，独立发展的文明，主要分布在现在的墨西哥东南部尤卡坦半岛、伯利兹、危地马拉和洪都拉斯等地，后古典时期玛雅人主要生活在卡瓦顿多。玛雅文明诞生于公元前10世纪，分为前古典期、古典期和后古典期三个时期，其中公元3—9世纪为其鼎盛时期。玛雅文明是地球上最神秘的文明之一。奇琴伊察（Chichen Itza）位于墨西哥东南部尤卡坦半岛，曾是玛雅古国最繁华的城邦，始建于5世纪。

玛雅金字塔主要是用于祭祀，也是为羽蛇神而建的神庙。奇琴伊察的中心建筑是一座耸立于热带丛林空地中的巨大金字塔，名为库库尔坎金字塔。在尤卡坦半岛上，耸立着包括特奥蒂瓦坎太阳、月亮金字塔在内的九座巍峨的玛雅金字塔。

阿兹特克文明（Aztec Civilization）主要分布在墨西哥中部和南部，形成于14世纪初，1521年为西班牙人所毁灭。

二、中华文明

中国古代神话：盘古开天，女娲造人。

"天地混沌如鸡子，盘古生其中，万八千岁，天地开辟，阳清为天，阴浊为地。" [1]

女娲以黄泥仿照自己抟土造人，创造人类社会并建立婚姻制度。"俗说天地开辟，未有人民，女娲抟黄土做人。剧务，力不暇供，乃引绳于泥中，举以为人。故富贵者，黄土人；贫贱者，引绠人也。""女娲祷神祠祈而为女媒，因置婚姻。" [2]

中华先民，以农立国，人们的各种活动与天象、自然、节气密切相关。人们的规划设计理念最早从天象、地形地貌中得到灵感和启示。师法自然，"在天成象，在地成形，变化见矣。" [3] "成象之谓乾，效法之谓坤。" [4]以天象诠释自然，以自然象征天象。

我国儒家、法家和道家都对建城的理论和实践有过深刻的影响，儒学逐渐占据统治地位。在城市特别是都城的规划营建中，《周礼·考工记》所体现的礼乐秩序成为我国古代城市设计的主导理念。

中国的传统思维方式，由宏观而微观，由整体而局部。战略思维和区域观念是中国古代城市设计理念的显著特征。

1（唐）欧阳询等. 艺文类聚
2（汉）应劭. 风俗通·女娲造人
3 周易·易经·系辞上传第一章
4 周易·易经·系辞上传第五章

三、文明双子星座

稷下学宫[5]和柏拉图学园[6]分别是古代中国和希腊在公元前4世纪末创建的学校，稷下学宫中担任先生的是有学之士，而柏拉图学园的教师则是"爱智慧"的哲学家。二者是东、西方文明史上最早的高等教育大学堂，也是集教育、学术于一体的思想文化中心，被德国哲学家卡尔·雅斯贝尔斯（Karl Theodor Jaspers，1883—1969年）称为人类"轴心时代"的文明双子星座。

雅斯贝尔斯认为，公元前800—前200年，尤其是公元前600—前300年，是人类文明的"轴心时代"。在此时代，各个文明都出现了伟大的精神导师——古希腊有苏格拉底、柏拉图、亚里士多德，以色列有犹太教的先知们，古印度有释迦牟尼，中国有孔子、老子……他们提出的思想原则塑造了不同的文化传统，也一直影响着人类的生活。

四、西方古典城市规划——希波丹姆模式

埃及先民建造的居民点，其形态大多是自然的。古希腊城市也多为自发形成的，没有统一的规划，即就"形态"而言是没有人为"构图"的。

公元前5世纪古希腊著名的建筑师希波丹姆（Hippodamus）提出了一种以棋盘式道路系统为骨架，以城市广场为中心，以充分体现民主和平等的城邦精神的规划模式。

希波丹姆根据古希腊社会体制、宗教和城市公共生活要求，提出把城市分为三个主要部分：圣地、主要公共建筑区、住宅区。住宅区分三种：工匠住宅区、农民住宅区、城邦卫士和公职人员住宅区。希波丹姆模式被大量应用于希波战争后城市的重建与新建，以及后来古罗马大量营寨城的建设，希波丹姆也因此被视为"西方古典城市规划之父"。

---

5 稷下学宫，是世界上最早的官办高等学府，始建于齐桓公田午（公元前400—前357年）时期，位于齐国都临淄稷门附近。中国学术思想史上蔚为壮观的"百家争鸣"，是以稷下学宫为中心的。

6 柏拉图学园，古希腊柏拉图（Plato，公元前427—前347年）约于公元前387年在雅典附近所创办的学校，是欧洲历史上第一所固定的学校。柏拉图去世后，该校由其弟子接办，公元529年停办。

五、他山之石

不同的条件，包括规划理念、城市功能、思维方式、空间构成的技术手段、建筑材料等不同，空间构图也就不同。因而，西方城市与中国城市的空间构图是很不相同的；同样是西方城市，在不同时期城市的空间构图也是不同的。

不难发现，矩形、方格路网、主要建筑居中，是古今中外人类建设人居环境，跨越时空的共同意念。同时，各个时期、各类文明都有着各不相同的特色。

外国的城市空间构图是他山之石，"他山之石，可以攻玉"。

传统的城市空间构图是过去的经验，可鉴古喻今。

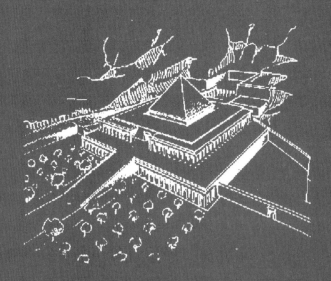

第一章

古埃及文明

　　古埃及（Ancient Egypt）是四大文明古国之一，位于非洲东北部尼罗河（Nile）中下游。古埃及文明最早形成于约公元前5450年，终止于公元639年阿拉伯帝国入侵及随后的伊斯兰化。

　　古埃及王国先后历经了前王朝、早王朝、古王国、第一中间期、中王国、第二中间期、新王国、第三中间期、晚王国、托勒密王朝，共10个时期33个王朝的统治。

金
字
塔

一、刺向青天的太阳光芒——埃及金字塔

古埃及人对神的信仰非常虔诚，很早就形成了"来世观念"，甚至认为人死后才是永久的享受。每一个有钱的埃及人都要忙着为自己准备坟墓，以求死后获得永生。法老或贵族会花费几年，甚至几十年的时间去建造坟墓。

相传，古埃及第三王朝之前，无论王公大臣还是老百姓死后，都会被葬入一种用泥砖建成的长方形坟墓，古埃及人叫它"玛斯塔巴"。玛斯塔巴（Mastabat），在阿拉伯语中是板凳的意思。后来，古埃及第三王朝法老左塞尔（Djoser，公元前2780—前2760年在位）的权臣伊姆荷太普（Imhotep）[1]在给左塞尔设计坟墓时，用山上采下的呈方形的石块来代替泥砖，建成一个六级的梯形金字塔，这是今天所看到的金字塔的雏形。

左塞尔之后的埃及法老纷纷效仿，在古埃及掀起一股营造金字塔之风。大约在第二至第三王朝的时候，产生了国王死后要成为神，他的灵魂要升天的观念。金字塔就是天梯。同时，金字塔象征的是刺向青天的太阳光芒。从金字塔棱线的角度上向西方看去，可以看到金字塔像撒向大地的太阳光芒。

埃及迄今已发现大大小小的金字塔110座，大多建于埃及古王朝时期（图1-1）。

图1-1 左塞尔金字塔
资料来源：网络

二、吉萨金字塔群

在埃及已发现的金字塔中，最大最有名的是位于开罗西南面的吉萨（Giza）高地上

---

1 伊姆荷太普同时也是一位祭司、作家、医生，以及埃及天文学和建筑学的奠基人。

的祖孙三代的金字塔。它们是大金字塔（即胡夫金字塔，Pyramid of Khufu）、海夫拉金字塔（Pyramid of Khafre）和门卡乌拉金字塔（Menkaure's Pyramid），为埃及金字塔建筑艺术的顶峰。

吉萨的三座金字塔和一座狮身人面像（Sphinx）组成吉萨金字塔群。据分析，这组金字塔群的组合是有数理关系的，也就是说，金字塔群是经过规划安排的（图1-2a、图1-2b）。

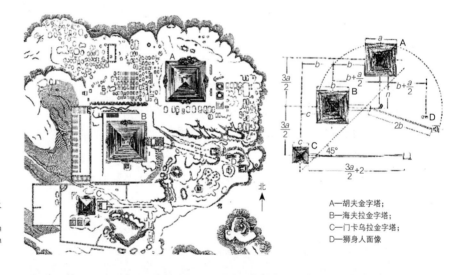

图1-2a　吉萨金字塔群总平面及平面关系分析图
资料来源：Бунин А.В. История Градостроительного Искусства. Том Первый. Москва，1953

A—胡夫金字塔；
B—海夫拉金字塔；
C—门卡乌拉金字塔；
D—狮身人面像

图1-2b　吉萨金字塔群

吉萨金字塔群

狮身人面像
图1-2b 吉萨金字塔群
（续）

（一）金字塔

胡夫金字塔是现存最大的金字塔，是埃及第四王朝法老胡夫的陵墓，建于公元前2690年左右。塔原高146.5米，因年久风化，顶端剥落10米，现高136.5米；底座每边原长230米，现长220米，三角面倾角为52°，塔底面积52900平方米。

海夫拉金字塔是胡夫的儿子海夫拉法老的陵墓，建于公元前2650年，比前者低3米，现高为133.5米。

门卡乌拉金字塔属于胡夫的孙子门卡乌拉法老，建于公元前2600年左右。当时正是第四王朝衰落时期。门卡乌拉金字塔的高度只有66米。

（二）狮身人面像

设计师从古代的神话和山的外形中汲取灵感，别出心裁地把小山雕琢成海夫拉的头像和狮子的身躯，把象征人的智慧与狮子的勇猛集合于一身。它是世界上最古老和最大的一座狮身人面像。

埃及狮身人面像高20米，长57米，若算上两个前爪则全长72米。它头戴"奈姆斯"皇冠，两耳侧有扇状的"奈姆斯"（nams）头巾下垂，前额上刻着"库伯拉"（cobra，即眼镜蛇）圣蛇浮雕，下颌有帝王的标志——下垂的长须，脖子上围着项圈，鹰的羽毛图案打扮着狮身。除狮爪是用石块砌成之外，整个狮身人面像是在一块巨大的天然岩石上凿成的。

第二节 方尖碑

一、天空中照射下来的阳光——埃及方尖碑

方尖碑（Obelisk）是除金字塔以外，古埃及文明最富有特色的象征，是古埃及崇拜太阳的纪念碑，被认为是从天空中的一点照射下来的那束阳光的代表。

方尖碑外形呈尖顶方柱状，由下而上逐渐缩小，顶端形似金字塔尖，塔尖常以金、铜或金银合金包裹，当旭日东升照到碑尖时，它像耀眼的太阳一样闪闪发光。碑高度不等，一般长宽比为9：1～10：1，用整块花岗石制成。古埃及的方尖碑后被大量搬运到西方国家。在托勒密王朝时期和罗马帝国时期，罗马从埃及搬来总共13个方尖碑，罗马城内的方尖碑比世界其他地方的都要古老。古埃及的方尖碑大多取材于阿斯旺的采石场，古埃及人先在山上找一块外观平整的巨石，然后用凿子从山体慢慢抠出一个碑身来，使其与山体分离，然后顺尼罗河向北漂送至卢克索（图1-3a）。

图1-3a 阿斯旺的方尖碑
资料来源：网络

方尖碑、纪念柱与一般建筑小品不同，它们高耸、挺拔的形态往往成为所在空间的控制因素，也成为周边环境的对景；它们的设置可以引导轴线的形成、转折；它们可以在远处被见到，成为空间联系的标志物。方尖碑在近现代成为构建城市空间的重要元素。

二、"克利奥帕特拉之针"

现存最古老完整的方尖碑是古埃及第十二王朝（约公元前1991—前1786年）法老辛努塞尔特一世（Senusret Ⅰ，约公元前1971—前1928年）为庆祝加冕而建的，竖立在开罗东北郊克利奥帕特拉（Cleopatra）太阳城神庙前，被称为"克利奥帕特拉之针"（Cleopatra's Needle）[2]，碑高20.7米，重121吨（图1-3b）。

立于底比斯（Thebes，今卢克索）卢克索神庙（Luxor temple）塔门前的一对方尖碑，为古埃及第十九王朝第三位法老拉美西斯二世（Ramses Ⅱ，公元前1303—前1213年）所建，其中的一座现仍立于原处，碑高25米。

图1-3b "克利奥帕特拉之针"
资料来源：网络

2 罗马帝国时期，古罗马拉走不少埃及方尖碑。当时克利奥帕特拉在罗马特别有名，方尖碑被罗马人称为"克利奥帕特拉之针"。

第三节

神庙与陵墓

一、金字塔建造的淘汰

埃及中王国时期首都迁到了底比斯。这里的地形完全不适合建造金字塔，法老们仿效当地贵族的做法，在山岩上凿石窟作为陵墓。神庙成为陵墓的主体。

神庙是公元前16—前11世纪埃及新王国时期的主要建筑形式。神庙是古埃及神与女神崇拜的圣居，据玛特律法（Laws of Ma'at）[3]所说，所有的神庙必须保持洁净，否则，神或女神会弃之而去，而结果会导致埃及出现大动荡。

陵墓多以石块砌筑，包括带有柱廊的内院、大柱厅和神堂。随着祭司权力越来越大，祭祀用厅堂成了陵墓的主体，更扩展为规模宏大的神庙，墓地变成了大神庙的一部分。大门前有方尖碑或法老雕像。正面墙上刻有着色浅浮雕。大柱厅内柱直径大于柱间间距，借以强化神庙的气氛，如卢克索的阿蒙神庙（The Amun Temple of Karnak）。

神庙代替陵墓成为主要建筑类型。神庙的艺术重点已从外部形象转到了内部空间，从雄伟阔大而概括的纪念性转到内部空间的神秘性与压抑感。

神庙分成两部分：外神庙与内神庙。外神庙是大门，可让新加入者进出，举行群众性的宗教仪式；内神庙只能让经过认可的、有更深学识的人进去，向皇帝朝拜。

这些神庙非常重要，它们周围会逐渐形成建筑群，为在那里生活和工作的人提供住所、食物和支持。整个建筑群由一系列区域构成，越往中心越神圣，最里面是圣地。

3 玛特是古埃及宗教中的一个神祇，代表了正义、道德、真理和平衡等价值观。

二、新的陵墓形制

（一）留有金字塔的影子：曼都赫特普三世墓

约公元前2000年，在尼罗河西岸、卢克索对面的代尔巴哈里（Deir-el-Bahari）建造的曼都赫特普三世陵墓（Mausoleum of Mentu-Hotep Ⅲ）开创了古埃及新的陵墓形制。一进入墓区的大门，是一条两侧密排着狮身人面像的石板路，长约1200米，然后是一个大广场，当中道路两旁排列着皇帝的雕像。由长长的坡道登上一层平台，平台前缘是柱廊。平台中央有一座不大的金字塔。它后面是一个院落，四面有柱廊环绕。院落后面是一个有80根柱子的大厅，由此可进入小小的、凿在山崖里的圣堂。

陵墓的几层柱廊，强烈的光影和虚实对比，大大增强了陵墓宏伟壮观的力量。为了加强这个对比效果，柱廊有两跨进深。柱子是方形的，光影变化更加明确肯定。

曼都赫特普三世陵墓建筑群有严整的纵轴线，雕像和建筑物、院落和大厅作纵身序列布置，充分体现对称构图的庄严性。但曼都赫特普三世的陵墓仍然留有金字塔的影子（图1-4a、图1-4b）。

（二）金字塔"已经过时了"——哈特谢普苏特墓

埃及第十八王朝女王哈特谢普苏特的墓葬庙，由女王的建筑师塞勒穆特（Senmut）设计，建在被底比斯尖峰遮掩的峡谷顶（图1-5）。

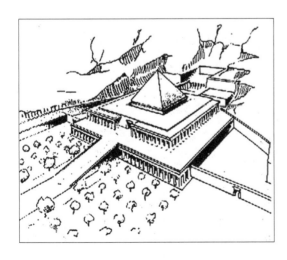

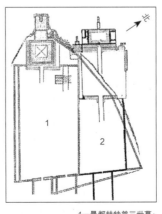

1—曼都赫特普三世墓；
2—哈特谢普苏特墓

0 20　　100米

图1-4a　曼都赫特普三世墓
资料来源：网络

图1-4b　曼都赫特普三世墓和哈特谢普苏特墓平面
资料来源：陈志华. 外国建筑史（19世纪末叶以前）（第四版）. 第1章古代埃及的建筑. 北京：中国建筑工业出版社，2010

图1-5 哈特谢普苏特墓
资料来源：网络

　　神庙分三层，随山势而上，形成两个露台，以平缓的坡道相连。庙宇和山体连结，陡峭的悬崖成为巨大的背景墙。

　　哈特谢普苏特墓彻底淘汰了金字塔形象。塞勒穆特认为金字塔"已经过时了"。

（三）依崖凿建的拉美西斯二世庙

　　拉美西斯二世（Ramses Ⅱ）神庙，也叫阿布辛贝神庙（Abu Simbel Temple），位于埃及阿斯旺以南290公里处，坐落于纳赛尔湖（Lake Nasser）西岸，面向尼罗河，堪称众多埃及神庙中最富想象力的一座。整座神庙是在山岩中雕凿而出，它本身就是一座巨大而精美的雕刻作品。神庙始建于公元前1284年，完成于公元前1264年。

　　阿布辛贝神庙由依崖凿建的牌楼门、巨型拉美西斯二世（Ramses Ⅱ）摩崖雕像、前后柱厅及神堂等组成（图1-6a、图1-6b），不过拉美西斯建的这座神庙离尼罗河太近，洪水敲响了它的丧钟。

（四）神庙的特色之一——塔门

　　塔门（Pylon）是古代埃及神庙最具特色的部分之一，介乎两座塔楼之间。塔门可能源于古埃及前王朝时期（约公元前40—前31世纪）苇子编制成的

上　全景
左　雕像

图1-6a　拉美西斯二世神庙
资料来源：网络

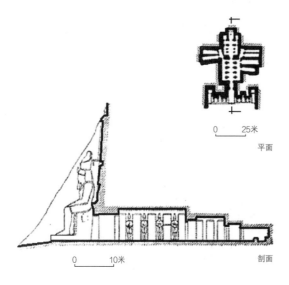

图1-6b　拉美西斯二世神庙平面、剖面
资料来源：陈志华. 外国建筑史
（19世纪末叶以前）（第四版）·第1章古代埃及的建筑. 北京：中国建筑工业出版社，2010

塔。到了中王国时期，用砖石砌成，形成了后来的塔门样式：由对称的两座塔楼和中间连接的天桥组成，象征东西方地平线，是太阳神每天的必经之地。塔门前往往树有成对的方尖碑。

阿蒙大神庙共有十道塔门，第一至第六塔门在东西轴线上；第三、第四塔门之间的中央庭院向南延伸，形成南北轴线；第七至第十塔门在这一轴线上（图1-7a、图1-7b）。

图1-7a　古埃及神庙塔门
资料来源：网络

图1-7b　卢克索神庙塔门
资料来源：网络

三、神庙建筑群

（一）卡纳克神庙

卡纳克神庙（Temple of Karnak，图1-8a ~ 1-8e）——底比斯（Thebes，今卢克索）最为古老的庙宇，是埃及最大的神庙建筑群，也是世界上最壮观的古建筑物之一。

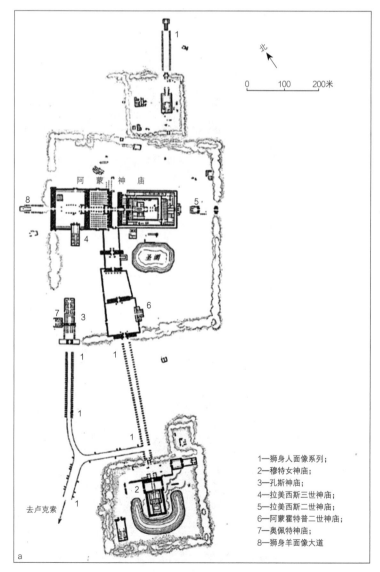

1—狮身人面像系列；
2—穆特女神庙；
3—孔斯神庙；
4—拉美西斯三世神庙；
5—拉美西斯二世神庙；
6—阿蒙霍特普二世神庙；
7—奥佩特神庙；
8—狮身羊面像大道

图1-8a 卡纳克神庙建筑群总平面
资料来源：Бунин А.В.История Градостроительного Искусства.Том Первый. Москва，1953

图1-8b　卡纳克神庙鸟瞰
资料来源：网络

图1-8c　卡纳克神庙
资料来源：网络

图1-8d　拉美西斯三世神庙
资料来源：网络

图1-8e　卡纳克神庙狮身羊面像
资料来源：网络

卡纳克神庙由砖墙隔成三部分。其中中间部分是面积最大的一部分，占地约有30公顷，是献给太阳神阿蒙（Amon）的；左侧的是献给孟图神（Montu）的，占地2.5公顷；另一个是献给阿蒙神的妻子——战争女神穆特（Mut）。穆特与丈夫阿蒙、儿子月神孔斯（Khonsu）并称底比斯三柱神。

卡纳克神庙是在中王国第十二王朝辛努塞尔特一世（Sesostris Ⅰ）的圣殿基础上发展并逐步完善，经新王国第十八、十九王朝图特摩斯一世（Thutmose Ⅰ）、阿蒙霍特普三世（Amenhotep Ⅲ）、塞提一世（Sety Ⅰ）、拉美西斯二世等法老扩建而成，几乎每一位法老都在神庙留下了建筑印记。

卡纳克神庙有东西、南北两条轴线，呈南北方向延伸。这两条轴线上分别排列着塔门、庭院、多柱厅、圣殿和方尖碑等神庙建筑。

在卡纳克神庙的周围有孔斯神庙、阿蒙霍特普二世神庙（Temple of Amenhotep Ⅱ）、奥佩特神庙（Temple of Apet）和其他小神庙。每个宗教季节仪式从卡纳克神庙开始，到卢克索神庙结束。二者之间有一条一公里长的石板大道，两侧密排着狮身羊面像，路面夹杂着一些包着金箔或银箔的石板，闪闪发光。

（二）阿蒙神庙

阿蒙神庙（The Amun Temple）是卡纳克神庙（Karnak）的主体部分，供奉的是底比斯主神——太阳神阿蒙。阿蒙神庙始建于3000多年前古埃及第十七王朝，位于卢克索镇北4公里处，在建后的1300多年间不断增修扩建，共有十座巍峨的门楼、三座雄伟的大殿（图1-9a、图1-9b）。阿蒙神庙的石柱大厅最为著名，内有134根要6个人才能抱得过来的巨柱，每根高21米。

阿蒙神庙轴线朝向西北。每当举行典礼，就会表现国王和太阳神"合一"的场面：国王走出大门，太阳从大门两侧石墙之间冉冉升起。

图1-9a　阿蒙神庙遗迹
资料来源：网络

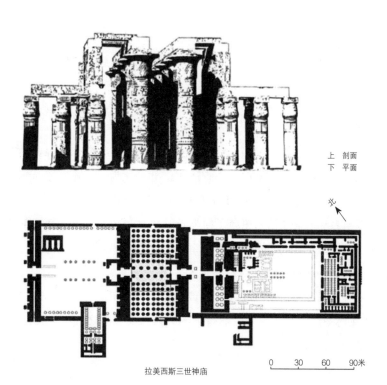

上　剖面
下　平面

北

图1-9b　阿蒙神庙平面、剖面
资料来源：网络

0　　30　　60　　90米

拉美西斯三世神庙

城市   第四节

古希腊哲学家亚里士多德[4]说："等到由若干村坊组合而为'城市'（城邦），社会就进入高级而完备的境界，在这种社会团体以内，人类的生活可以获得完全的自给自足；我们也可以这样说：城邦的长成出于人类'生活'的发展，而其实际的存在却是为了'优良的生活'"。在亚里士多德看来，城市首先是一种生活方式。

城市是一个大型的人类聚居地，一个永久的、人口稠密的地方，其成员主要从事非农业任务。

一、孟菲斯

孟菲斯（Memphis）是世界上最古老的城市之一，有4700多年的历史，是古埃及中古王朝时期的首都。

孟菲斯位于今尼罗河三角洲南部，上下埃及交界的米特·拉辛纳村，离开罗32公里。

传说，公元前3100年由埃及第一王朝的开国国王美尼斯（Menes）在这里建城，因当时在建筑上都涂满了白色的石膏粉，也称之为"白城"。公元前2686年美尼斯统一了上下埃及后，将这里作为王朝的第一个首都。

孟菲斯名称起源于第六王朝（约公元前2345—前2181年）国王佩皮一世（Pepy Ⅰ）的名为Men-nefer的金字塔，希腊人讹称为孟菲斯。埃及古王国时代（约公元前2686—前2181年）建都于此。

埃及中王国（约公元前2040—前1786年）和新王国（约公元前1567—前1085年）时期迁都底比斯。孟菲斯仍不失为重要城市之一。公元前1000年后，库施王国（Kush）（首都麦罗埃，又名麦罗埃王国）、亚述（Ashur）、波斯帝国（Persia，公元前550—前330年）、希腊、罗马帝国等先后围攻、占领过孟菲斯，公元

4 亚里士多德（Aristotle，公元前384—前322年），古希腊先哲，哲学家、科学家和教育家，堪称希腊哲学的集大成者。他是柏拉图的学生，亚历山大的老师。公元前335年，他在雅典办了一所叫吕克昂的学校，被称为逍遥学派。

7世纪阿拉伯人征服埃及，孟菲斯遭到毁灭性破坏。第三王朝国王左塞尔在他的顾问、建筑师伊姆荷太普帮助下重建了孟菲斯城，并且在萨瓜勒（Saqqarah）按照国王生前的生活方式设计了国王坟墓。第十二王朝的第四位国王塞索斯特里斯二世（Senusret Ⅱ，公元前1896—前1887年在位）统治期间，大规模开发法尤姆（Fayoum）地区，将尼罗河河水引入莫伊利斯湖，在努比亚地区积极开采矿山，国家财力变得雄厚富足。

现在孟菲斯一带留存了许多金字塔和狮身人面像（图1-10a、图1-10b），从北至南，主要包括：吉萨金字塔群，阿布西尔（Abusir）、塞加拉（Saqqarah）和代赫舒尔（Dashur）等金字塔群。

图1-10a　孟菲斯遗迹
资料来源：网络

图1-10b　孟菲斯狮身人面像
资料来源：网络

二、底比斯

公元前2134年左右，埃及第十一王朝法老曼都霍特普一世（Mentuhotep
I）兴建底比斯作为都城。公元前661年为亚述人所毁，公元前525年又为波斯
国王捣毁。公元前27年，底比斯被一场大地震彻底摧毁。在2000多年的漫长岁
月里，底比斯在古埃及的发展史上始终起着重要作用。史载，当时的底比斯有
城门百座，人口稠密，广厦连亘，极为繁荣，是世界上最大的城市，有"百门
之都"的美称，阿拉伯人曾赞誉这里为"宫殿般的城市"。

底比斯（图1-11a、图1-11b）横跨尼罗河两岸，位于现埃及开罗南面700多
公里处。尼罗河的右岸，即东岸，是当时古埃及的宗教、政治中心。尼罗河的
左岸，即西岸，是法老们死后的安息之地。

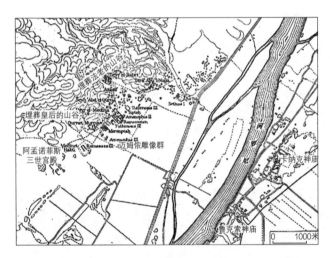

图1-11a 底比斯
资料来源：沈玉麟. 外国
城市建设史・第二章古埃
及的城市. 北京：中国建
筑工业出版社，1989

图1-11b 底比斯遗迹
资料来源：网络

图1-12　赫里奥波里斯遗迹
资料来源：网络

三、赫里奥波里斯

赫里奥波里斯（Heliopolis），今埃及开罗，又称"太阳城"，是古埃及最重要的圣地之一。赫里奥波里斯是古埃及除孟菲斯和底比斯之外最重要的城市，是下埃及十三诺姆（nomos，城邦）的首府。据记载，它是古埃及太阳神崇拜的中心，也被称为"众神之乡"（图1-12）。

四、伊特塔威

公元前1991年，埃及阿蒙尼姆赫特一世（Amenemhat Ⅰ，公元前1983—前1953年）建立第十二王朝，将首都设在伊特塔威（Itjtawy），即今天的利什特（Lisht），此城与上下埃及接壤而远离底比斯。第十三王朝国王阿伊一世（Merneferre Ay，公元前1701—前1677年在位）在公元前1700年将首都迁回底比斯，伊特塔威逐渐荒废。

伊特塔威是一个城堡，四周都有城墙和堑壕，城防坚固（图1-13）。

五、卡洪城

卡洪（Kahun）位于尼罗河三角洲南面，建于埃及第十二王朝时期。城市平面为长方形，长约380米，宽约260米，有砖砌城墙围着。城市由厚厚的死墙划分成东西两部分（图1-14）。城西为奴隶居住区，有一条南北向大街从东侧城门

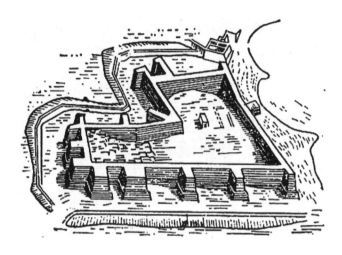

图1-13　伊特塔威
资料来源：沈玉麟. 外
国城市建设史·第二章
古埃及的城市. 北京：
中国建筑工业出版社，
1989

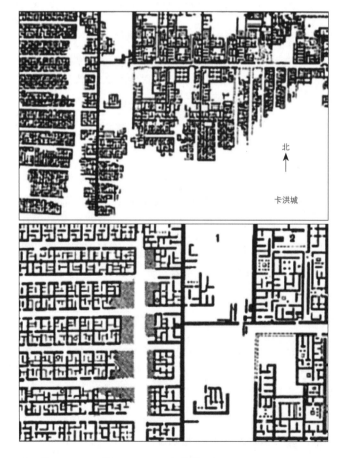

北

卡洪城

0　10　　　50　　　100米　　　　　局部

图1-14　卡洪城
资料来源：Бунин А.В.
История Градострои-
тельного Искусства. Том
Первый. Москва，1953

贯穿这一区。仅260米×108米的地方就挤着250幢用棕榈枝、芦苇和黏土建造的棚屋。厚墙以东东西大道北为贵族区，这里道路宽阔、整齐并用石条铺筑路面。面积与城西奴隶区差不多，却排着十几个大庄园。路南则是商人、手工业者、小官吏等中产阶层住所。

城东有市集，城市中心有神庙，城东南角有一大型坟墓。贵族住宅朝向北来凉风的方位，而西部劳动者居住区，迎着由沙漠吹来的热风方位。

据推测，卡洪城不是一般的城市。卡洪城是为兴建埃及第十二王朝塞索斯特里斯二世的金字塔陵墓而修建的一种特殊的居民点，当时人口约2万人。陵墓完工后，该城便被废弃，逐渐湮没在沙漠中。卡洪城是按规划建设的，分区明确，路网规整，可以视为希波丹姆规划模式的雏形。

六、阿玛纳

埃及新王国时期第十八王朝法老阿克亨纳顿（Akhnaten）为了贯彻其宗教改革的主张，同时与阿蒙神祭司势力划清界限，在登基第五年（公元前1346年）时在阿玛纳（Tel-El-Amarana）开始建城，并且迁都于此。

此城西临尼罗河，三面环山，无城墙。整座城市大致可以分为北城、城市中心以及南城三大部分，一条宽约40米的御道贯穿北城与中心城区（图1-15a ~ 图1-15c）。

中心区拥有许多重要的宗教场所和行政场所。御道以东的第一个建筑是阿吞大神庙（The Great Temple of the Aten），占地长730米，宽229米，分为东、西两部分，神庙的西面为"欢愉之殿"，神庙的东边则是屠宰场，旁边是所谓"奔奔石"（Benben Stone）[5]。与大神庙相对应的，还有一座阿吞小神庙（The Small Aten Temple），小神庙是王室的私人祭神场所。

御道的西面是大宫殿所在地。大宫殿包含大厅、庭院、水池和阿克亨纳顿的巨大雕像，其南部附加了一座为阿克亨纳顿的直接继位者斯门卡拉（Smenkhkare，约公元前1338—前1336年在位）所修建的大厅，厅内有30排共510根砖柱。有一座泥砖桥从大宫殿跨过御道通向御道东面的"法老议事厅"。法老议事厅是法老处理政务的场所，法老议事厅的附近是档案室，此处收藏楔形文字泥版。

5 古埃及金字塔的封顶石，被称为"奔奔石"（Benben Stone）。每座金字塔的顶部都有一块奔奔石。据说，金字塔在建成后，埃及人会用黄金来包裹塔尖，让它在阳光的照射下闪闪发光。而奔奔石正是接收太阳第一缕曙光的神石。

上　阿玛纳城总平面图
右上　阿玛纳中心城区平面
右下　阿玛纳中心城区鸟瞰

图1-15a　阿玛纳中心区
资料来源：沈玉麟. 外国城市建
设史·第二章古埃及的城市. 北
京：中国建筑工业出版社，1989

图1-15b　阿玛纳中心区鸟瞰
资料来源：网络

图1-15c　阿玛纳遗迹
资料来源：网络

第二章

两河流域

　　两河流域，即幼发拉底河（Euphrates）和底格里斯河（Tigris）流域，又称美索不达米亚（Mesopotamia）。"美索不达米亚"意为"两河之间的土地"，地域大体在今伊拉克境内。

　　两河流域文明最早的创造者是公元前4000年左右来自东部山区的苏美尔人（Sumerians）。公元前3000年，苏美尔人建立了城邦。

　　此后经历了阿卡德王国（Akkad Kingdom）、乌尔第三王朝、巴比伦城邦、亚述帝国（Assyrian Empire）、迦勒底王国和波斯帝国等时期。

　　美索不达米亚文明为人类最古老的文化摇篮之一。

第一节

乌尔

乌尔（Ur），是古代美索不达米亚南部的一个城邦，由乌尔第三王朝君主乌尔-纳姆（Ur-Nammu，公元前2112—前2094年）始建，在其子舒尔吉（Shulgi，约公元前2095—前2048年在位）统治时期完工。

一、乌尔城

乌尔城位于今伊拉克巴格达（Baghdad）东南，是世界上最早的城市之一。城市呈卵形，南北最长1000米，东西最宽约600米（图2-1）。城北和城西各有一码头，城东有一城堡。城中央的西北部是塔庙区。塔庙区包括有山岳台，东南建有王室进行祭祀时使用的行宫。附近即为乌尔王陵和乌尔第三王朝诸王的陵墓。城西码头附近及城中央偏东南处各有两个居住区。北城墙附近是新巴比伦国王拿波尼度（Nabonidus，公元前556—前539年在位）为其女儿——祭司贝尔·莎尔蒂南娜所建的宫殿。

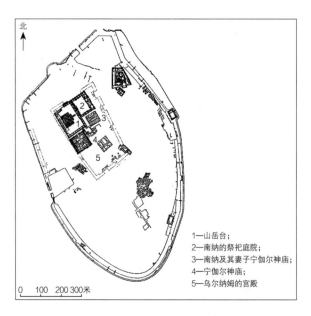

1—山岳台；
2—南纳的祭祀庭院；
3—南纳及其妻子宁伽尔神庙；
4—宁伽尔神庙；
5—乌尔纳姆的宫殿

图2-1　乌尔城平面
资料来源：Бунин А.В. История Градостроительного Искусства. Том Первый. Москва，1953

二、山岳台

山岳台又称观象台（Ziggurat），是古代西亚人崇拜山岳、崇拜天体、观测星象的塔式建筑物，是最为重要的宗教建筑（图2-2a、图2-2b）。

远古时期[1]，西亚人崇拜天体，他们认为山岳支承着天地，天上的神住在山里，

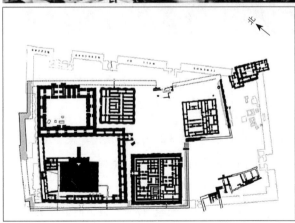

图2-2a　乌尔城山岳台
资料来源：网络

上　乌尔城复原想象
左　山岳台平面

0　20　　100米

1　公元前8000年左右，欧贝德人的祖先驯化了动植物，于是在古代近东地区，人类由原本狩猎采集的生活方式，逐渐过渡到基本定居生活，这也是已知的人类最早的定居生活。

维修后的乌尔山岳台　　　　　　　　乌尔山岳台复原想象图

乌尔山岳台遗迹

图2-2b　乌尔山岳台遗迹
资料来源：网络

山是人与神之间交通的道路，山里蕴藏着生命的源泉，雨从山里来，山水注满
了河流。庙宇是"山的住宅"，在高高的台面上，形成"山岳台"，使神灵之所
更接近天堂，另外也防止洪水的侵害。

　　山岳台是一种用土坯或夯土筑就的高台，一般为7层，自下而上逐层缩小，
有坡道或台阶通顶，顶上有一间不大的神庙。山岳台是苏美尔人的独创，它们
不但在苏美尔人以及后来的巴比伦—亚述人的宗教生活中起着重要作用，而且
成为古代城市的一大景观：建筑在高层塔上的神庙一般就是一个城市的制高点，
山岳台也往往是一个城市最宏伟的建筑。

公元前第2和第1个千纪，乌尔是月神崇拜的一个重要中心。最精致的一座山岳台是供奉乌尔王的保护神月神南纳（Nanna）[2]的（图2-2c）。

古代西亚几乎每个城市的主要庙宇都有一个或者几个山岳台。乌尔的山岳台第一层基底为65米×45米，高9.75米，有三条大坡道登上第一层，一条垂直于正面，两条贴着正面。第二层的底面积为3723平方米，残高2.50米，据估算，总高约21米。

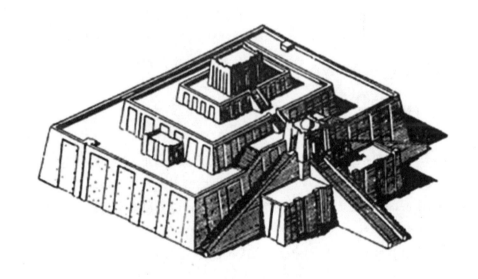

图2-2c 乌尔的月神台
资料来源：陈志华. 外国建筑史（19世纪末叶以前）(第四版)·第2章两河流域和伊朗高原的建筑. 北京：中国建筑工业出版社，2010

第
二
节

巴比伦

巴比伦位于美索不达米亚平原。约
4300年前，当苏美尔地区各城邦混
战之时，美索不达米亚重要城邦基什
（Kish）国王萨尔贡（Sargon，公元前
2354—前2279年）建立了一个君主专
制的帝国——阿卡德帝国（Akkadian
Empire），成为世界"四大文明古国"
之一。在这里发展出了世界上首个城
市，颁布了第一部法典，有流传最早的
史诗、神话、药典、农人历书等，这里
被誉为是人类文明的摇篮。

一、巴比伦国

公元前1894年，阿摩利（Amorite）酋长苏穆-阿布（Sumu-abum）宣
布从城邦卡扎鲁（Kazallu）独立。古巴比伦王国第六代国王汉谟拉比
（Hammurabi，约公元前1810—约前1750年），统一了两河流域，建立了中央集
权的专制制度。

公元前626年，亚述人派迦勒底人（Chaldean）的领袖那波帕拉沙尔
（Nabopolassar）率军驻守巴比伦，那波帕拉沙尔建立新巴比伦王国，并与伊朗
高原的米底王国（Medes）联合，共同对抗亚述。公元前612年，亚述帝国灭
亡，土地被新巴比伦王国及米底王国瓜分，两河流域南部重建了新巴比伦王国
（公元前626—前538年），即迦勒底王国。

二、巴比伦城

巴比伦城是巴比伦王国的都城（图2-3a、图2-3b），在今伊拉克巴格达
以南约90公里处，跨越幼发拉底河两岸。公元前18世纪前半期，古巴比伦王
国汉谟拉比王统一两河流域，即以此为国都，同时这里成为祭祀马尔杜克神
（Merodach）的中心，而后成为加喜特王朝（Kassite Dynasty）的都城。公元
前689年为亚述王西拿基立（Sennacherib）所毁，不久又经新巴比伦王国重建。

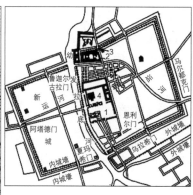

图2-3a 巴比伦
资料来源：沈玉麟. 外国城市建
设史·第三章两河流域和波斯的城
市. 北京：中国建筑工业出版社，
1989

1—马尔杜克神庙；
2—空中花园；
3—伊什达门；
4—山岳台

图2-3b 巴比伦废墟
资料来源：网络

新巴比伦国王尼布甲尼撒二世（Nebuchadnezzar Ⅱ，公元前634—前562年）在
位时该城达到极盛，约于公元前539年成为波斯帝国的都城。公元前331年，巴
比伦成为马其顿在东方的首都。所谓继业者战争[3]期间（公元前322—前301年），
巴比伦城受到很大破坏而逐渐衰落，其地位
逐渐被底格里斯河畔的塞琉西亚与泰西封等
城市所取代。

3 公元前323年亚历山大大帝死后，留下了一个庞大的帝国，包含着很多实
质上是独立的领土。由于亚历山大死其时，他的将领们对由谁来继承有
所争议。未几，继业者之间出现冲突，引发多次战争。

据估计，巴比伦在公元前1770—前1670年和公元前612—前320年是世界上最大的城市，可能是第一个人口突破20万的城市；城市面积最大时大约有890～900公顷。

（一）伊什达门

巴比伦的城门都用神的名字来命名，伊什达（lshtar）即爱和战争女神。伊什达门耸立在通往巴比伦城神庙和王宫区的仪仗大道上，高4米多，宽2米左右，是进入巴比伦城的八座城门之一（图2-4a、图2-4b）。伊什达城门由尼布甲尼撒二世在公元前575年建造。

图2-4a　巴比伦伊什达门
资料来源：网络

图2-4b　巴比伦伊什达门模型
资料来源：网络

（二）空中花园

巴比伦"空中花园"被誉为世界七大奇迹之一。

新巴比伦国王尼布甲尼撒二世娶了米底的公主米梯斯为王后。尼布甲尼撒二世令工匠按照米底山区的景色，在他的宫殿里，建造了层层叠叠的阶梯型花园，上面栽满了奇花异草，并在园中开辟了幽静的山间小道，小道旁是潺潺流水。工匠们还在花园中央修建了一座城楼，矗立在空中。巧夺天工的园林景色终于博得公主的欢心。由于花园比宫墙还要高，给人感觉像是整个御花园悬挂在空中，因此被称为"空中花园"（图2-5）。

图2-5 "空中花园"想象图
资料来源：网络

夏鲁金

第三节

美索不达米亚的北部古称亚述，南部为巴比伦尼亚（Babylonia）。相对于南部的苏美尔人或者阿卡德人，亚述是比较落后的地区，阿卡德王国曾经征服亚述，给亚述带来了先进的文明。公元前2006年，亚述获得独立。

一、亚述都城夏鲁金

古亚述王国的第一个都城夏鲁金（Dur Sharrukin）即今天的伊拉克霍萨巴德城（Khorsabad），位于底格里斯河中游西岸，在摩苏尔（Mosul）之南150公里（图2-6a ～图2-6d）。公元前3000年，亚述人在此逐渐形成贵族专制的奴隶制城邦。公元前19—前18世纪成为王国。亚述帝国君主萨艮二世（Sargon Ⅱ，即Sargon Chorsabad，公元前722—前705年在位）在今天的霍萨巴德村附近、邻近尼尼微城设计建设了夏鲁金。城市平面为方形，边长约2公里。城墙厚约50米，高约20米，上有可供四马战车奔驰的大坡道，还有碉堡和各种防御性门楼。宫殿建在西北城墙中段，一半突出到城墙外，一半在城内。在规划中，宫殿、寺庙和政府建筑都被压缩成一个横跨城墙的自治单元。

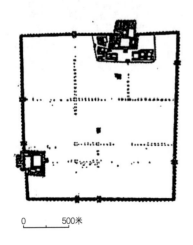

0   500米

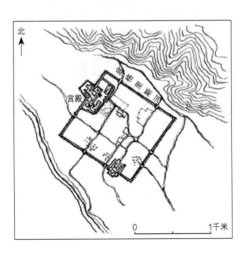

图2-6a　夏鲁金城
资料来源：沈玉麟. 外国城市建设史·第三章两河流域和波斯的城市. 北京：中国建筑工业出版社，1989

图2-6b　夏鲁金城位置
资料来源：亚述古城，杜尔沙鲁金

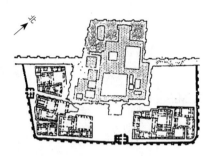

上　夏鲁金王城平面图
下　萨艮二世王宫鸟瞰

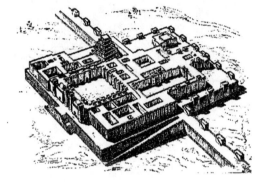

图2-6c　夏鲁金王城
资料来源：沈玉麟. 外国
城市建设史·第三章两河
流域和波斯的城市. 北
京：中国建筑工业出版社，
1989

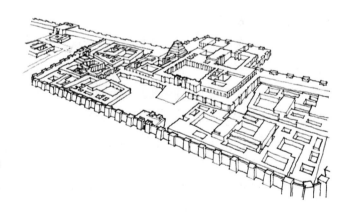

图2-6d　夏鲁金城宫殿
资料来源：亚述古城，
杜尔沙鲁金

　　这座堡垒城市控制着从山上向北延伸的主要通道，它的建立是为了抵御北
方部落的入侵威胁。这也是一个珍贵的铁矿石可以流入帝国的地方。

二、萨艮二世王宫

　　萨艮二世王宫建于公元前722—前705年，建在都城西北角的卫城中，其占
地面积约17万平方米，位于一个座高18米的土台之上（图2-7a）。王宫前半部分

图2-7a　萨艮二世王宫大门
资料来源：陈志华. 外国建筑史（19世纪末叶以前）（第四版）·第2章两河流域和伊朗高原的建筑. 北京：中国建筑工业出版社，2010

在城内，后半部分在城外，整个宫殿重重设防；东边是行政部分，西边是几座庙宇，北边是皇帝的正殿和后宫。在王官中共建有30个院落和210个房间。它们主要分布在两个大庭院周围，而在这两个庭院之内，小院子与小厅房相互交错，构成了迷宫式的格局。

中央的官殿围绕着一个大的内院展开。它包括公共接待室，精心装饰着雕塑和历史铭文，展现狩猎、崇拜、宴会和战斗的场景。后宫占据了南角。马厩、厨房、面包店和酒窖位于东角。在西角矗立着寺庙，有一个多级的金字形建筑，它的七层楼被漆成不同的颜色，并由坡道连接。

在这片高地的下面，是一个被墙包围的区域，里面有城市的行政中心和高级官员的豪华住宅。

从王官的南面大门进入首先来到一个宽大的92米见方的院落。大门有4座方形碉楼夹着3道拱门，中间的拱门宽4.3米。拱门石板墙裙3米高，上作浮雕。

三、人首翼牛像

萨艮王宫入口处有一对高420厘米的"人首翼牛像"。它们的正面为圆雕，侧面为浮雕。正面2条腿，侧面4条，转角1条在两面公用，一共5条腿（图2-7b）。因为它们巧妙地符合观赏条件，所以并不显得荒诞。圆雕和浮雕结合，艺术构思巧妙。在第二道门也有这样的人首翼牛像，两处共28个。

侧面

图2-7b 萨艮二世王宫大门人首
翼牛像
资料来源：网络

正面

第四节 尼尼微

尼尼微（Nineveh），西亚古城，是早期、中期亚述的重镇和亚述帝国都城，最早由古代胡里特人（Hurrian）建立，位于现在伊拉克的北部尼尼微省，底格里斯河的东岸，隔河与今天的摩苏尔城相望，意为"上帝面前最伟大的城市"（图2-8a、图2-8b）。

图2-8a　尼尼微
资料来源：网络

图2-8b　尼尼微遗迹
资料来源：网络

约公元前6000年，尼尼微就有居民。公元前2500年左右，尼尼微就形成了一座真正的城市，并成了美索不达米亚地区的文化中心之一。在公元前13世纪，尼尼微成为亚述首都。公元前11世纪即成为亚述帝国的官邸所在地。亚述王萨艮二世时将都城由萨艮城迁到底格里斯河左岸的尼尼微。作为帝国的首都，尼尼微一度车水马龙，热闹非凡，成为当时世界上最繁荣的城市之一。

公元前612年伊朗高原强国米底和新崛起的新巴比伦王国联合攻陷尼尼微，公元前605年强盛一时的亚述帝国正式灭亡，尼尼微随之没落。

尼尼微周围有周长12公里的城墙，城墙有些地方宽达45米。古城共有15个城门，东部城墙最长，约5公里，有6门；南墙长800米，只有1门；西墙长4公里，有5门；北墙长2公里，有3门。发掘后重建了北墙的冥王之门、月亮女神之门、富饶神之门，西墙的运水人之门，东墙的太阳神之门。

第五节 帕塞波里斯

公元前7世纪，波斯人被亚述帝国统治。公元前553年，阿契美尼德氏族（Achaemenid）的居鲁士二世（Cyrus Ⅱ the Great，公元前599—前529年，公元前558—前530年在位）创建波斯帝国，建都帕塞波里斯（Parsepolia）。帕塞波里斯位于伊朗扎格罗斯山区（Zagros Mountains）的一个盆地中，占地13.5公顷，是波斯阿契美尼德王朝的第二个都城。波斯帝国君主大流士一世（Darius Ⅰ the Great，公元前558—前486年）统治时期，波斯帝国达到鼎盛。

波斯帝国发动波希战争，最终失败，波斯帝国衰落。公元前330年，波斯帝国末代国王大流士三世（Darius Ⅲ）被杀，波斯帝国灭亡。帕塞波里斯被摧毁。

大流士的行政首都在苏萨（Susa），帕塞波里斯是帝国的象征、礼仪中心。

帕塞波里斯宫（Palaus of Persepolis）是公元前518—前460年波斯王大流士和泽尔士（Xerxes Ⅰ，约公元前519—前465年）所造的宫殿（图2-9a、图2-9b）。建筑群倚山建于一个高15米、460米×275米的大平台上。入口处是一壮观的石砌大台阶层，宽6.7米，邻近两侧刻有朝贡行列的浮雕，前有门楼。

王宫分成三区：北部为两个大殿，东南为财库，西南为后宫。三部分用"三门厅"相连。

宫殿的总入口在西北角面向西偏南，建于平台之上，通过106级大台阶由两面进入大门（万邦之门）。内墙有皇帝雕像，接受朝圣者的礼拜。大门形制与萨艮二世王宫大门相似，高18米，门洞两侧也有五条腿的"人首翼牛像"。

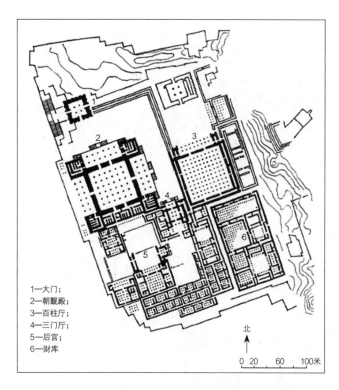

图2-9a　帕塞波里斯宫
平面
资料来源：陈志华. 外
国建筑史（19世纪末叶
以前）（第四版）·第2章
两河流域和伊朗高原的
建筑. 北京：中国建筑
工业出版社，2010

1—大门；
2—朝觐殿；
3—百柱厅；
4—三门厅；
5—后宫；
6—财库

北

0　20　60　100米

图2-9b　帕塞波里斯遗迹
资料来源：网络

第三章

希腊文明

　　古希腊（Ancient Greece）文明持续了约650年（公元前800—前146年），古希腊包括希腊半岛以及整个爱琴海（Aegean Sea）区域和北面的马其顿（Macedonia）、色雷斯（Thrace），其殖民地还扩展到亚平宁半岛（Apennine Peninsula），即意大利半岛（Italian Peninsula）、小亚细亚（Asia Minor Peninsula）和塞浦路斯（Cyprus）等地，文明地域涉及爱琴海、马尔马拉海（Sea of Marmara）、黑海（Black Sea）和地中海（Mediterranean Sea）沿岸。这一文明在古希腊后，被古罗马人延续，从而成为整个西方文明的精神源泉。

第一节 爱琴文明

爱琴文明（Aegean Civilization）最早起源于希腊克里特岛（Crete），以克里特岛和希腊地区的迈锡尼为核心，故又称"克里特—迈锡尼文明"，然后传播到希腊大陆和小亚细亚。克里特岛是爱琴海上最大的岛屿，而克里特文明是古希腊文明的起点，尤以富丽堂皇、结构复杂的宫殿建筑闻名。大约在公元前2250—前1200年，克里特岛是一个海上帝国的中心，其在政治上和文化上的影响扩大及于爱琴海上诸岛以及大陆的海岸。公元前1700—前1400年，克里特文明发展到它的全盛时期，不久突然衰退，爱琴文明的中心转移到希腊半岛的迈锡尼（Mycenaean）。

爱琴文明主要包括克里特文明（或称米诺斯文明，Minoan Civilization）和迈锡尼文明两大阶段，前后相继。这一文明有兴旺的农业和海上贸易，宫室建筑及绘画艺术均很发达。

一、克里特文明

克里特文明即米诺斯文明。传说中米诺斯王的王宫克诺索斯（Knossos）位于克里特岛的北面，海岸线的中点，是米诺斯时代最为宏伟壮观的遗址，可能是整个文明的政治和文化中心。

公元前2100年左右克诺索斯开始创立，公元前1900年左右开始建设王宫，公元前1700年左右被毁；随即新王宫建立，并一直使用至公元前1450年左右米诺斯文明衰落。

新王宫（图3-1a、图3-1b）占地约2.2万平方米，围绕着一个1400平方米的中心院落展开成四个翼，建筑多为3层，最高5层。

克诺索斯的宫殿遭到破坏，据推测是由于锡拉岛附近的火山爆发。公元前1450年左右，宫殿又遭到人为破坏，可能是由于巴尔干半岛希腊人的入侵。从这时起希腊人成了克里特岛的主宰，并逐渐与当地原有居民融合，克里特文明亦随之结束。

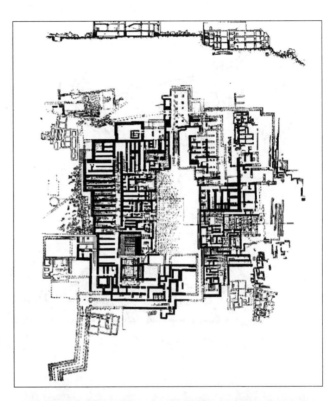

图3-1a　克诺索斯宫殿
平面、剖面
资料来源：陈志华. 外
国建筑史（19世纪末叶
以前）（第四版）·第3章
爱琴文化的建筑. 北京：
中国建筑工业出版社，
2010

图3-1b　克诺索斯王宫
遗迹
资料来源：网络

二、迈锡尼文明

迈锡尼文明继承和发展了克里特文明。约公元前1900年，迈锡尼人开始在伯罗奔尼撒（Peloponissos）半岛定居，公元前1600年立国。迈锡尼文明从公元前1200年开始呈现衰败之势，后古希腊人的一个支系多利亚人（Dorians）南侵，宣告了迈锡尼文明的灭亡。

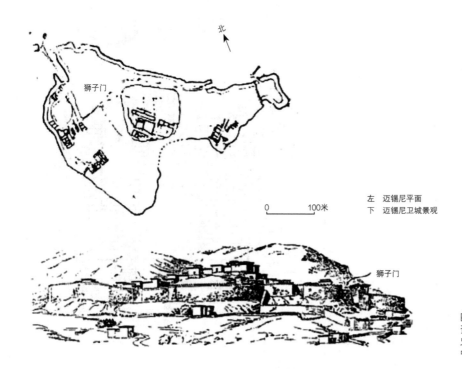

左　迈锡尼平面
下　迈锡尼卫城景观

图3-2　迈锡尼
资料来源：沈玉麟. 外国城市建设
史·第五章古希腊的城市. 北京：
中国建筑工业出版社，1989

（一）卫城先导——迈锡尼

迈锡尼位于希腊伯罗奔尼撒东北部。迈锡尼卫城是一座城堡，是城邦的中
心，是古希腊卫城建筑的先导。

迈锡尼卫城（图3-2）建于群山环绕的高岗上，以堆垒的大石砖建造，石块
大小雷同但四周却无裁切痕迹，石与石之间也没有任何黏着物，全赖交叉堆叠
而成，建造方法类似埃及金字塔。卫城的主要入口是狮子门。

（二）狮子门

狮子门（Lion Gate）是迈锡尼卫城的大门（图3-3），建于公元前1350—前
1300年。门的高、宽均为3.5米，可供骑兵和战车通过。门上过梁是块巨石，中
间比两头厚，中央厚约90厘米，重达20吨，在巨石的门楣上有一个三角形的叠
涩券[1]，中间嵌入一块雕着双狮的三角形的石板浮雕。双狮刻工精细传神，狮子
门因而得名。狮子中间的一根柱子是宫殿的
象征，它像克里特岛米诺斯王宫的柱子一样
是上粗下细。这一对雄狮，形成双狮拱卫之

1 叠涩是一种古代砖石结构建筑的砌法，用砖、石，有时也用木材通过
一层层堆叠向外挑出，或收进。叠涩券则是采用叠涩法以减少承重的券式
结构。

图3-3　狮子门　　　　　　　上　迈锡尼城墙
资料来源：网络　　　　　　下　狮子门

状，威风凛凛地向下俯视着进入城门的人。

　　狮子门的两侧都是坚固的石墙，左侧专门延伸出的突出部分与右侧的城墙相平行，在城的入口处形成了一片狭小的空间，这意味着一切来犯之敌都将在狮子门下被反包围。

（三）卫城布局的萌芽——泰仑

　　泰仑卫城（Tiryns，图3-4a、图3-4b）是迈锡尼的港口要塞。建于公元前14—前12世纪，位于山冈顶上，城防严密，非常险固，巨石垒墙，房屋整齐。其南部是宫殿建筑群，从城外到宫殿只有一条崎岖小道。宫前是一个三面围有柱廊的内院，中间正厅前有双柱敞廊。可以说泰仑卫城是雅典卫城布局的萌芽。

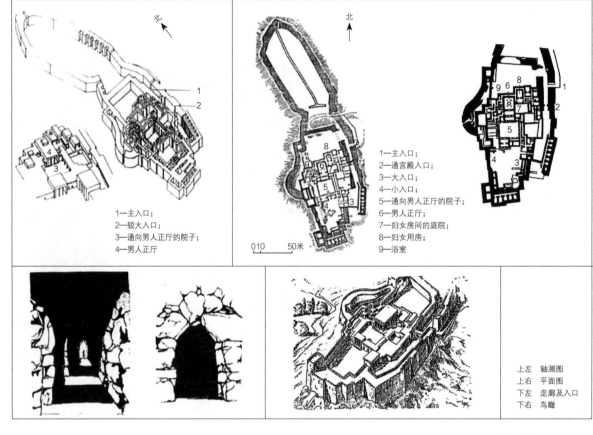

1—主入口；
2—较大入口；
3—通向男人正厅的院子；
4—男人正厅

1—主入口；
2—通宫殿入口；
3—大入口；
4—小入口；
5—通向男人正厅的院子；
6—男人正厅；
7—妇女房间的庭院；
8—妇女用房；
9—浴室

0 10   50米

上左　轴测图
上右　平面图
下左　走廊及入口
下右　鸟瞰

图3-4a　泰仑卫城
资料来源：网络

图3-4b　泰仑卫城鸟瞰
资料来源：网络

第二节
卫城和圣地

卫城（Acropolis），原意为"高处的城市"或"高丘上的城邦"，是氏族制部落政治、军事和宗教中心。圣地是崇拜守护神和民间自然神的公共活动中心。人们在圣地举行节庆，举行各种比赛，节日里商贾云集。圣地里除了建有神庙，还建有竞技场、会堂、旅馆等建筑。

一、雅典

公元前1000年，雅典（Athens）成为古希腊的核心城市。古雅典是一个强大的城邦（图3-5a、图3-5b）。

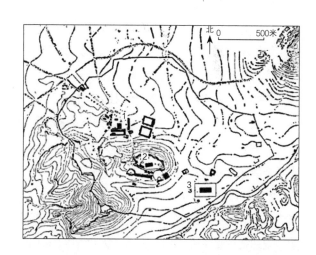

1—中心广场；
2—卫城；
3—宙斯神庙

图3-5a　雅典总平面
资料来源：沈玉麟. 外国城市建设史·第五章古希腊的城市. 北京：中国建筑工业出版社，1989

图3-5b　雅典
资料来源：网络

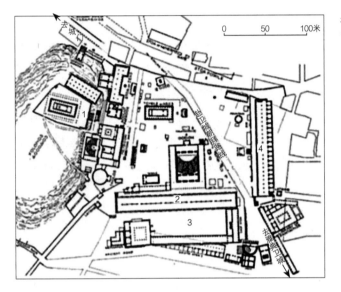

北

1—赫菲托斯神庙;
2—中央柱廊;
3—南广场;
4—阿塔罗斯柱廊

图3-6　雅典中心广场平面
资料来源：网络

　　雅典的著名建筑主要坐落在市内三座小山上。大约在公元前500年，雅典集市广场（Agora）开始形成，逐渐发展成为雅典的中心广场。"圣道"穿越广场，广场西南侧有元老议事厅的前身（5根柱子的方形结构），北侧有3座小型庙宇。公元前457年，兴建了当时最大的柱廊，位于广场北端。公元前449年，广场西侧的山坡上兴建了火神和匠神赫菲托斯（Hephaestus）神庙，它至今仍是雅典的标志性建筑物之一。广场还有多处神庙、祭台及公民大会议事厅、档案馆、将军署等建筑（图3-6）。

　　希腊化时期（Hellenistic Age），议事厅进行了改建和扩建，广场南端增加了规模更大的中央柱廊，广场南端两个柱廊之间形成了一个内广场。公元前2世纪，安纳托利亚半岛（Anatolian，今土耳其）古国帕加马王国（Pergamum，公元前281—133年）的国王阿塔罗斯二世（Attalos Ⅱ，公元前160—前138年）资助建造了广场东面的阿塔罗斯柱廊（Stoa of Attalos），垂直于中央柱廊，与火神和匠神赫菲托斯神庙遥相呼应。阿塔罗斯柱廊全长116.5米，上下层各有21间店铺，确立了广场的边界。廊房为商业活动之所，一般两层结构，下层是临街走廊，便于群众聚会，内辟店铺。

二、雅典卫城

雅典卫城（Acropolis of Athens）位于雅典市中心的卫城山丘上，始建于公元前580年。最初，卫城是用于防范外敌入侵的要塞，山顶四周筑有围墙，古城遗址则在卫城山丘南侧。卫城中最早的建筑是雅典娜神庙和其他宗教建筑。希波战争中，雅典曾被波斯军队攻占，公元前480年，卫城被彻底破坏。

希波战争后，雅典人花费了40年的时间重新修建卫城，用白色的大理石重建卫城的全部建筑。公元前480—前479年，贵族出身的政治家和军事家伯里克利（Pericles，约公元前495—前429年）成为雅典国家的实际统治者，他委任当时希腊最有名的雕塑家费迪亚斯（Pheidias，公元前480—前430年）重新建造雅典卫城的神庙。这里完全成了雅典人膜拜崇尚诸神，尤其是雅典城的守护女神雅典娜的圣地。

卫城（图3-7a ～图3-7c）东西长约280米，南北最宽约130米，面积约有3公顷，由著名的帕提农神庙（Parthenon Temple，图3-7d）、伊瑞克提乌姆神庙（Erechtheion Temple，图3-7e）、雅典娜胜利神庙（Temple of Athena Nike）和山门（Propylaea）等古建筑组成。帕提农神庙是雅典卫城上最负盛名的一座建筑，是为了歌颂雅典战胜波斯侵略者的胜利而建；伊瑞克提乌姆神庙于公元前406年建成，位于帕提农神庙的对面，是雅典娜与海神波塞冬两座神室合

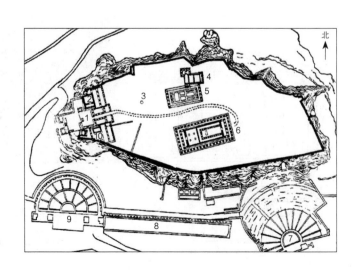

1—山门；
2—画廊；
3—雅典娜神像；
4—伊瑞克提乌姆；
5—古雅典娜庙址；
6—帕提农；
7—酒神剧场；
8—尤曼纳长廊；
9—希洛特·阿迪古剧场；
10—胜利神庙

图3-7a　雅典卫城总平面
资料来源：Баранов Н.В. Композиция
центра города.Москва，1964

图3-7b 雅典卫城
资料来源：陈志华. 外国
建筑史（19世纪末叶以
前）（第四版）·封面. 北
京：中国建筑工业出版
社，2010

图3-7c 雅典卫城现状
资料来源：网络

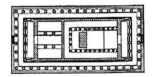

上 立面
左 平面
右 剖面

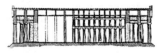

图3-7d 帕提农神庙
资料来源：陈志华. 外国建筑史
（19世纪末叶以前）（第四版）·第
4章古希腊的建筑. 北京：中国建
筑工业出版社，2010；照片为笔
者摄

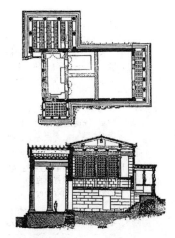

左上 平面
左下 剖面

图3-7e 伊瑞克提乌姆神庙
资料来源：陈志华. 外国建筑史
（19世纪末叶以前）（第四版）·第
4章古希腊的建筑. 北京：中国建
筑工业出版社，2010；照片为笔
者摄

图3-7f 卫城上的雅典娜女神像
资料来源：网络

一的复合建筑，内部有一雅典娜的木雕像，这座神殿的南侧廊台有六尊女像柱
（Caryatids），是爱奥尼柱式的变形。

　　卫城建筑相互之间没有轴线关系，不平行也不对称（图3-7f、图3-7g）。建
筑物基本沿周边布置，从山下四周仰望卫城有良好景观；利用地形把最好的角
度朝向人们，在卫城内有良好的观赏效果；行进中的每个人无论在山上山下，
无论在前在后都能够观赏到不断变化的景色。

图3-7g　雅典卫城朝圣
资料来源：网络

三、雅典宙斯神庙

雅典宙斯神庙（Temple of Zeus in Athens，图3-8a、图3-8b）位于希腊雅典卫城东南面，依里索斯河（Ilisos）畔一处广阔平地的正中央，为宙斯掌管的地区，是当时的宗教中心。

图3-8a　雅典的宙斯神庙和哈德良拱门
资料来源：网络

图3-8b　雅典的宙斯神庙
（远处可见雅典卫城）

雅典的宙斯神庙建于公元前174—132年哈德良大帝（Publius Aelius Traianus Hadrianus，76—138年，117—138年在位）时期，是希腊化时代和罗马时代希腊最大的神庙。整个建筑坐落在一块205米长、130米宽的地基上，神庙本身长107.75米，宽41米，共有104根科林斯柱。每根石柱高达17.25米。现存16根柱子，其中13根为一组；另外3根，有2根矗立，1根倒地。

四、德尔斐的圣地

德尔斐（Delphi）是一处重要的"泛希腊圣地"，即古希腊城邦共同的圣地，主要供奉德尔斐的阿波罗（Appollon pythien），著名的德尔斐神谕就在这里颁布。

德尔斐位于伯罗奔尼撒半岛的东北，科林斯湾（Corinth）北岸福基斯（Phocis）的帕尔纳苏斯山（Parnassus）南麓，因居住在这一地区的德尔斐族人而得名。这个地方在当时被视为"地球的肚脐"，遍布雄伟的神庙群。阿波罗（Apollo）圣地和奥林比亚（Olympia）圣地就是代表，有阿波罗（太阳神）神庙、雅典娜神庙、剧场、金库、体育运动场等。

德尔斐地区最早有人类居住的迹象可以上溯到旧石器时代。在圣地的遗址上发掘出一个公元前1400年左右的中等规模的村庄，名为"皮托"（Pytho），出现了第一个祭坛和第一座神庙。公元前373年，一场地震严重地破坏了圣地的建筑。公元前4世纪下半叶，希腊经历了政治的动荡，圣地逐渐走向衰落。圣地的主要特征就是它的祭坛（bomos），圣坛是圣地的核心，人们可以在这里践行圣礼。神庙是保存神像的建筑，人们相信神明会定期居住在这里。

德尔斐阿波罗圣地（图3-9a ～图3-9e）是古希腊时期供奉太阳神阿波罗的圣地。圣地利用地形，以神庙为中心，将所有建筑组织起来。看似无序，却也生动。

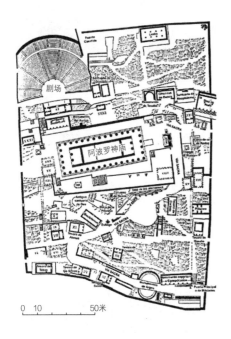

图3-9a　德尔斐阿波罗圣地
资料来源：沈玉麟. 外国城市建设史·第五章古希腊的城市. 北京：中国建筑工业出版社，1989

图3-9b　德尔斐阿波罗神庙
资料来源：网络

图3-9c　德尔斐雅典娜
神庙
资料来源：网络

图3-9d　德尔斐剧场[2]
资料来源：网络

图3-9e　德尔斐阿波罗
圣地附属建筑
资料来源：网络

2 近景为剧场，中景为阿波罗神庙，远处可辨雅典娜神庙。

　　阿波罗圣地位于帕尔纳苏斯山的一个幽深陡峭的山谷里，宽不足140米，两侧悬崖高达250～300米。圣地里建有曲折的道路——"神路"。所谓神路是一段两边排列各种纪念碑的道路，包括二十几座各个城邦供奉的纪念建筑，其中大部分是宝库，里面陈列了献给神明的供奉。走在神路上，眼前是富于变化的画面。

　　神庙选址是精心勘测过的，从圣地的任何角落都能够看见。举行献祭仪式的祭台位于神庙的前面。

　　最早的阿波罗神庙建于公元前7世纪。留存遗迹的是第六个阿波罗神庙，建于公元前370—前330年，长宽分别是60.32米和23.82米，前后两面各有6根多立克柱，侧边各为15根同样风格的石柱。它的建筑师为科林斯的斯平塔罗斯（Spintharos）。

　　圣地也有体育场、跑马场以及体操馆，它们是四年一度的皮托运动会的举办地。庙后西北部的半圆形剧场是在4世纪建造的，此前它是一个进行双轮战车赛跑和角斗的大运动场，是全希腊保存最好的运动场。剧场有38级台阶，可容纳5000名观众。

　　德尔斐圣地的雅典娜女神庙是圆形环柱式神庙的典型，建于公元前390年左右。德尔斐圣地处于峰峦起伏、崖谷幽深之处，小巧的圆形庙坐落在林木掩映的山麓下方，在一片橄榄林和夹竹桃花丛中突显出一座洁白大理石的圆形神殿。它采用多立克柱式，在小巧玲珑中显得颀长秀雅。

五、奥林匹亚圣地

　　奥林匹亚是希腊南部平原的一个城市，位于希腊半岛最南端的伯罗奔尼撒的西北，阿尔菲斯河（Alpheus River）和克拉德斯河交汇处，自然条件十分优越。它归伊利斯（Iris）城邦管辖。

　　早在希腊青铜时代中期伊利斯就已经有一个居民点。在公元前10世纪，奥林匹亚是古代伊利斯城邦敬拜宙斯的一个宗教中心。古时候，希腊人把体育竞赛看作祭祀奥林匹斯山众神的一种节日活动。公元前776年，希腊人在奥林匹亚村举行了人类历史上最早的运动会。

　　宙斯（Zeus）是古希腊神话中掌管雷霆的第三代众神之王，希腊神话里众神中最伟大的神。宙斯的主要圣地在希腊伊利斯的奥林匹亚。各城邦首领为了检测士兵的训练成效，时常组织一些体育竞赛。现代的奥林匹克运动会即起源于体育竞技。1896年雅典举行了第一届奥林匹克运动会，以后每4年举行一次。

奥林匹亚圣地（图3-10）除宙斯神庙外，多为世俗建筑。宙斯神庙建于公元前457年。赫拉神殿是希腊众神殿中最古老的一座，建于公元前7世纪上半叶。奥林匹亚竞技场有石砌的长廊，场内观众看台和贵宾席依克尼斯山麓而建，可容纳4万观众。

左　鸟瞰
下　平面

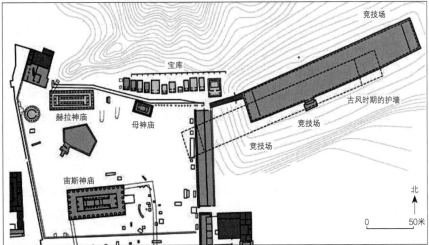

图3-10　奥林匹亚圣地
资料来源：沈玉麟. 外国城市建设史·第五章古希腊的城市. 北京：中国建筑工业出版社，1989

第三节 希波丹姆规划

希波丹姆的规划形式主要体现在他本人的实践中，如：公元前475年左右主持米利都城（Miletus）的重建工作；公元前446年左右规划了雅典附近海港城市比雷埃夫斯（Piraeus）；公元前433年规划了塞利伊城（在今意大利）。从那以后，古希腊城市，特别是地中海沿岸的希腊殖民城市，大多按希波丹姆规划形式建设，其中最有代表性的是米利都城。

虽然在古埃及卡洪城，印度古城摩亨约达罗（Moenjo Daro）等城市中这种规划结构形式已经出现，但希波丹姆最早把这种规划形式在理论上予以阐述，并在重建希波战争后被毁的城市中大规模应用。

一、米利都城

公元前5世纪，古希腊经历了奴隶制的民主政体，形成一系列城邦国家。在该时期，由商店、会议厅、杂耍场、学校等围合的广场替代卫城和庙宇，城市布局出现以方格网的道路系统为骨架，以城市广场为中心的"希波丹姆模式"。

米利都城的建设完整地体现了希波丹姆的规划思想（图3-11a、图3-11b）。公元前1500年左右，一些从克里特岛来的移民定居于米利都地区。米利都城三面临海，四周筑城墙，城市路网采用棋盘式。两条主要垂直大街从城市中心通过。中心开敞式空间呈L形，有多个广场。市场以及城市中心位于三个港湾的附近，将城市分为南北两个部分。街坊面积较小，南部街坊面积稍大。最大的街坊亦仅30米×52米。

城市中心划分为4个功能区。其东北及西南为宗教区，其北与南为商业区，其东南为主要公共建筑区。城市用地的选择适合于港口运输与商业贸易。城市南北两个广场呈现为前所未有的崭新面貌，是一个规整的长方形。周围有敞廊，周边设置商店用房。

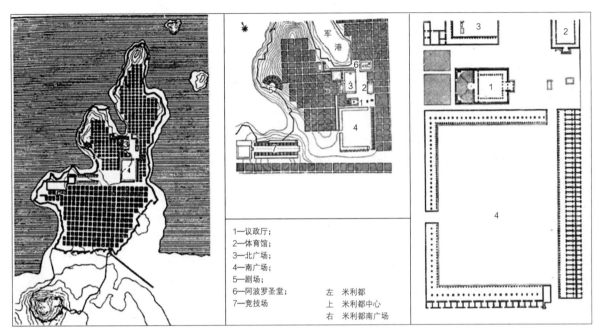

图3-11a 米利都
资料来源：Бунин А.В. История
Градостроительного Искусства. Том
Первый. Москва，1953

1—议政厅；
2—体育馆；
3—北广场；
4—南广场；
5—剧场；
6—阿波罗圣堂；
7—竞技场

左 米利都
上 米利都中心
右 米利都南广场

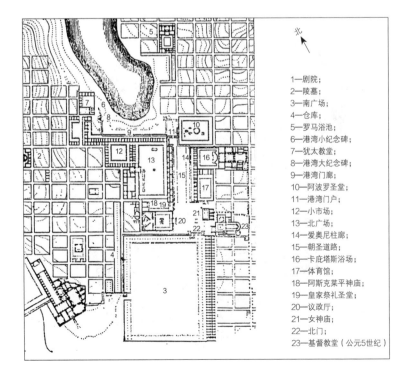

图3-11b 米利都中心
资料来源：沈玉麟．外国城市建
设史·第五章古希腊的城市．北
京：中国建筑工业出版社，1989

1—剧院；
2—陵墓；
3—南广场；
4—仓库；
5—罗马浴池；
6—港湾小纪念碑；
7—犹太教堂；
8—港湾大纪念碑；
9—港湾门廊；
10—阿波罗圣堂；
11—港湾门户；
12—小市场；
13—北广场；
14—爱奥尼柱廊；
15—朝圣道路；
16—卡庇塔斯浴场；
17—体育馆；
18—阿斯克莱平神庙；
19—皇家祭礼圣堂；
20—议政厅；
21—女神庙；
22—北门；
23—基督教堂（公元5世纪）

二、普南城

普南（Priene）古城始建于公元前6世纪。约在公元前4世纪，马其顿王亚历山大统治时进行重建，改造了旧区，增筑了新城。公元前4—前1世纪为该城繁荣时期。普南城是按希波丹姆规划模式建设的。

普南城背山面水，建在四个不同高程的宽阔台地上（图3-12a ～图3-12c）。城墙厚2.1米，上有塔楼，围护着岩顶及其下面的城市。从岩顶至南麓竞技场、体育馆高差97.5米。中间两个台地上建有剧院、雅典娜神庙、会堂、第二体育馆和中心广场。山坡上建有德米特神庙。城内有7条7.5米宽的东西向街道，与之垂直相交的有15条宽3～4米的南北向台阶式步行街。市中心广场居于显著位置，是商业、政治活动中心。广场东、西、南三面都有敞廊，廊后为店铺和庙宇。广场北面是125米长的主敞廊。广场上设置雕塑群。位于西面与广场隔开的是鱼肉市场。全城有约80个街坊，街坊面积很小，每个街坊约有4～5座住房。全城估计可供4000人居住。住房以两层楼房为多，一般没有庭院。

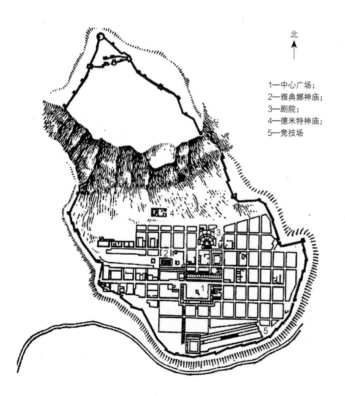

北

1—中心广场；
2—雅典娜神庙；
3—剧院；
4—德米特神庙；
5—竞技场

图3-12a　普南城
资料来源：Бунин А.В. История
Градостроительного Искусства. Том
Первый. Москва，1953

图3-12b 普南城鸟瞰
资料来源：Бунин А.В. История
Градостроительного Искусства. Том
Первый. Москва，1953

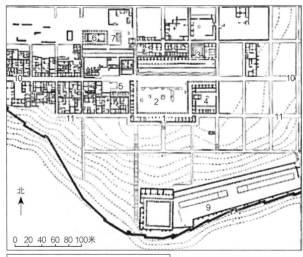

1—柱廊；

2—中心广场；

3—议政厅；

4—宙斯神庙；

5—鱼肉市场；

6—神殿；

7—祭坛；

8—上坡梯道；

9—运动场；

10—城市主要东西街道；

11—广场南有台阶登上广场的街道

图3-12c 普南广场
资料来源：Бунин А.В. История
Градостроительного Искусства. Том
Первый. Москва，1953

上 广场平面
左 广场主敞廊

三、比雷埃夫斯

希波丹姆在公元前446年左右规划比雷埃夫斯（Piraeus）。

比雷埃夫斯为希腊最大港口，距离首都雅典9公里，这里集中了雅典的所有进口和转口贸易。

雅典执政官特米斯托克利（Themistocles，公元前524—前459年）兴建比雷埃夫斯港及其连接雅典城的"长墙"（Athenian Long Walls，图3-13），旨在抵御波斯侵略。长墙长约7公里，将雅典城墙与比雷埃夫斯半岛城墙连成了一个整体防御系统。长墙使用石灰岩切割成的巨大方砖堆砌建成，墙高约8~10米，双墙之间距离约184米，中间形成一个重要的用于农耕和生活的狭窄通道。

公元前431年爆发伯罗奔尼撒之战，雅典在公元前404年投降，接受和平条约。斯巴达人下令拆除雅典长墙，在音乐的伴奏下雅典人自行拆除。

公元前391年，雅典长墙再度建起。马其顿降服雅典人，雅典长墙又被拆除。公元前86年雅典反抗罗马人统治的战役中，罗马人包围雅典城，使用投石弹射器再次摧毁了雅典长墙。

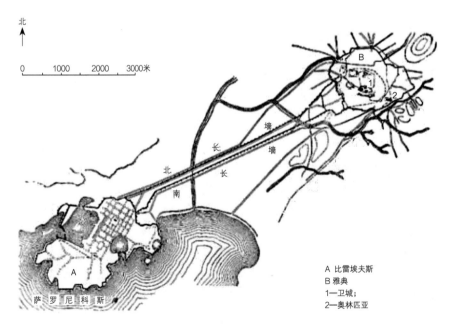

A 比雷埃夫斯
B 雅典
1—卫城;
2—奥林匹亚

图3-13 雅典与比雷埃夫斯
资料来源：Бунин А.В. История Градостроительного Искусства. Том Первый. Москва，1953

第四节 希腊化时期

公元前330年波斯帝国灭亡到公元前30年罗马征服托勒密王朝为止，地中海东部原有文明区域逐渐受希腊文明的影响而形成新的特点，西方史学界称之为"希腊化时期"（Hellenistic Age）。

希腊化时期建筑类型不断增加，出现了广场、港口等。卫城和神庙不再是城市的中心，而代之以民众聚集的广场。广场一般周边设置敞廊，围合成完整的空间。希腊化时期最具代表性的建筑是位于今土耳其西部沿海帕迦马城的宙斯祭坛（Altar of Zeus）。宙斯祭坛是帕迦马王国的欧迈尼斯二世为颂扬对高卢人的胜利于公元前180年前后建造的。祭坛为一座U字形建筑，东西长34.2米，南北长36.44米，是古希腊建筑与古埃及建筑风格的融合。希腊化时期的著名建筑还有克纳苏的莫索列姆陵墓、法罗斯灯塔等。

一、帕迦马城

帕迦马王国（Pergamum，公元前281—前133年）是希腊化时期安纳托利亚（Anatolia Plateau）西部的一个古国。阿塔利德王朝（Attalid Dynasty，公元前282—前128年）建都于帕迦马城。

帕迦马城（图3-14）位于土耳其西部今巴克尔河河谷北边一座高山上，距爱琴海约26公里。此城至少在公元前5世纪即已存在。阿塔利德王朝使帕迦马成为希腊化时代的最重要和最美丽的希腊城市之一，城市布局最大限度地适应地理环境的特点，成为当时城市规划最优秀的样板。此城的城堡和宫殿均建在山顶，市集建在山坡。罗马帝国时期，城市迁到山下的平原。山顶和山坡高处有一座剧场、雅典娜神庙以及宙斯祭坛。剧场依山势而建，半圆形的石阶座位极陡。城内还有一个仅次于埃及亚历山大图书馆的大图书馆、一个大型市

图3-14　帕迦马城
资料来源：网络

场、一个体育馆以及赫拉神庙（Temple of Hera）[3]和得墨忒尔神庙（Temple of Demeter）[4]。当时人口估计达20万。

二、阿索斯广场

阿索斯（Assos）是希腊北部马其顿的一座半岛山，伸向爱琴海。小半岛的面积仅360平方公里，山势奇伟、高峰耸峙的阿索斯山雄踞于半岛的东南部，顶峰海拔达2033米。

阿索斯共有约20座东正教修道院，被视为东正教的精神圣地之一。阿索斯山修道院管区在约1000年前禁止女性进入。

阿索斯广场（图3-15）是希腊化时期阿索斯城（在今土耳其）的中心广场，约建于公元前3世纪。平面为梯形，北侧为高2层的敞廊；南侧为澡堂，其上为

3　赫拉（Hera）是古希腊神话中的天后，宙斯的第一位妻子，罗马神话中称朱诺（Juno）。赫拉神庙是圣地内最老的围柱式神庙和希腊最早的多立克式神庙之一，约建造于公元前600年。这里供奉着女神赫拉像，殿身狭长，四周有44根廊柱。当今奥林匹克运动会的圣火采集仪式就在这里举行。
4　得墨忒尔是古希腊神话中的农业、谷物和丰收的女神。

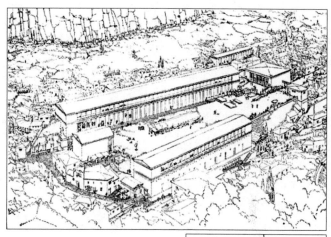

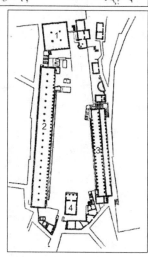

图3-15 阿索斯广场
资料来源：Бунин А.В. История
Градостроительного Искусства. Том
Первый. Москва，1953

1—人民会议厅；
2—两层北敞廊；
3—澡堂上的单层敞廊；
4—神庙

单层敞廊。在广场较宽的一端有庙宇，它只在面对广场的立面上才有柱廊。市
民在廊中进行商品交易。有时可前后分成两进，后进开设店铺。敞廊有时与街
道的柱廊形成很长的柱廊序列。柱廊序列与沿街的房屋檐口高度一致，气势壮
阔。阿索斯广场不同于以前的圣地和雅典的市场广场，它围合成了一个以神庙
为主体的完整空间。

第四章

古罗马

古罗马（Ancient Rome）是公元前9世纪初在意大利半岛中部兴起的文明。古罗马先后经历罗马王政时代（公元前753—前509年）、罗马共和国（公元前509—前27年）和罗马帝国三个阶段。罗马帝国在公元395年后分为西罗马帝国（公元395—476年）和东罗马帝国（公元395—1453年）两个阶段。

第一节 伊达拉里亚建城

罗马兴起之前，意大利半岛处于支配地位的是伊达拉里亚人（Etruria）。

据推测，公元前800年，伊达拉里亚人进入意大利半岛，最初居住在台伯河（Tiber River）以北，台伯河与阿诺河（Arno River）之间。到公元前7世纪时，伊达拉里亚一些主要城市已经在马尔扎波多（Malzabato）附近建立起来，如克维特里、维爱、塔克文尼亚等。伊达拉里亚人所建立的繁荣的商业和农业文明给罗马以重要的影响。

据说，当时由长老在基地上以牛牵犁划出一个圆圈作为城市花园，并用道路把城市划出四部分。东西干道称Decumanus，南北干道叫Cardo，交叉处建神庙。

第二节 罗马军事营寨城

公元前的300年间，罗马几乎征服了全部地中海地区。公元前275年，罗马占领地中海岸边的派拉斯（Pyrrhus）营地，以此为模式，形成了罗马营寨城（Military Camp Cities）的原型。在被征服的地方，罗马建造了大量的营寨城。欧洲许多大城市包括巴黎等就是从古罗马营寨城发展而来的。

这些营寨城布局严谨，矩形的城区，方格路网，主要道路十字或丁字相交，中心处设有广场，可以举行阅兵。营寨城虽是驻军营垒，却设施齐全，相当豪华。在主要道路的两端是凯旋门，凯旋门之间常有列柱街。

古罗马营寨城的规划基本模式为：城市平面呈矩形，城中的东西干道和南北干道成"十"字或"T"字交叉，将城市划分为4个或3个部分，在两条干道的交汇处设立广场。同时，在干道与城墙交会点设立城门。公共活动在城市中心广场举行，军团指挥部或主要的城市公共建筑设在广场旁边。营寨城的城市空间布局受伊达拉里亚人建城的影响，也有希波丹姆模式的影子（图4-1）。

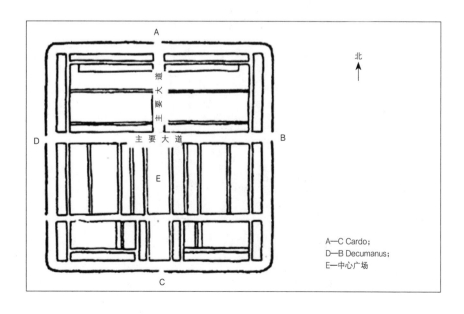

图4-1 罗马营寨城
资料来源：沈玉麟. 外国城市建设史·第六章古罗马的城市. 北京：中国建筑工业出版社，1989

一、提姆加德

北非的提姆加德城（Timgad）是罗马营寨城的典型。提姆加德始建于公元100年，最初是古罗马奥古斯都第三军团的一个哨所，后来古罗马帝国图拉真皇帝在此建立塔姆加迪城。6世纪非洲北部的柏柏尔人（Berber）起义赶走了罗马人，将这里改名为提姆加德。

罗马人兴建这座城，名义上是给退伍军人居住，但真正目的是要降低当地部落的抵抗情绪。提姆加德的舒适生活很快就吸引住当地人，他们愿意在罗马军团服役25年，使自己和子孙得到罗马公民的身份。

在之后的几个世纪，北非多次经历内战、宗教冲突和外族入侵，罗马人慢慢失去了对这个地区的控制权，以至阿拉伯部落把提姆加德完全烧毁。在此后的1000多年，这座城市渐渐被人遗忘。

提姆加德（图4-2a ～图4-2c）位于阿尔及利亚（Algeria）东北部的奥雷斯山脉（Aures）地区。平均海拔约1072米，城市周围群山环绕。提姆加德平面近方形，南北长355米，东西宽325米，南北有12排街坊，东西有11排，每个街坊25米见方。东西干道和南北干道"丁"字交叉，其南是巨大的城市中心广场，

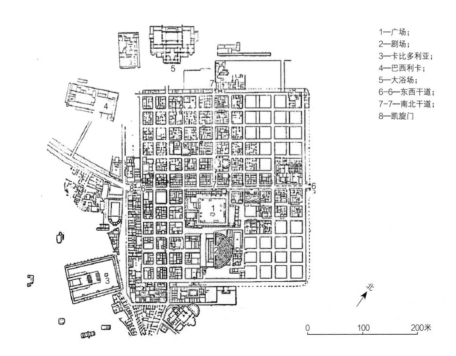

1—广场；
2—剧场；
3—卡比多利亚；
4—巴西利卡；
5—大浴场；
6-6—东西干道；
7-7—南北干道；
8—凯旋门

0　　100　　200米

图4-2a　提姆加德平面
资料来源：Бунин А.В. История Градостроительного Искусства. Том Первый. Москва, 1953

图4-2b　提姆加德鸟瞰
资料来源：网络

图4-2c　提姆加德柱廊
资料来源：网络

长50米，宽42米，围绕广场的建筑有柱廊，柱距2.5～3米，高5米。广场附近有一处可容纳3500人的露天剧场，另有4处浴场、一处图书馆和朱庇特神殿。有巨大的巴西利卡（Basilica），即法庭、会议厅和交易所的结合体。

二、兰培西斯

兰培西斯（图4-3）也是罗马帝国时期在北非的一座营寨城。兰培西斯布局严谨，"丁"字交叉的干道，交叉口有跨道路的中心建筑，南面则是中心广场。

中心建筑

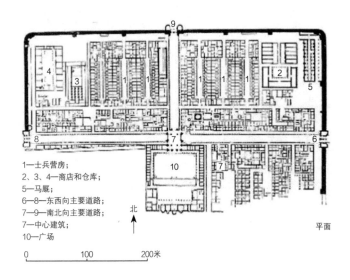

1—士兵营房；
2、3、4—商店和仓库；
5—马厩；
6—8—东西向主要道路；
7—9—南北向主要道路；
7—中心建筑；
10—广场

北

平面

0   100   200米

图4-3 兰培西斯
资料来源：Бунин А.В. История
Градостроительного Искусства. Том
Первый. Москва，1953

三、阿奥斯达

阿奥斯达（Aosta，图4-4）位于阿尔卑斯山（Alps）南麓。公元前25年，
阿奥斯达驻扎了3000人的罗马禁卫部队。

阿奥斯达呈长方形，东西长724米，南北长572米。四周城墙高6.4米，四面
共有四个城门，每个城门有两个防御塔保护。加上城内每隔一定距离分布的防

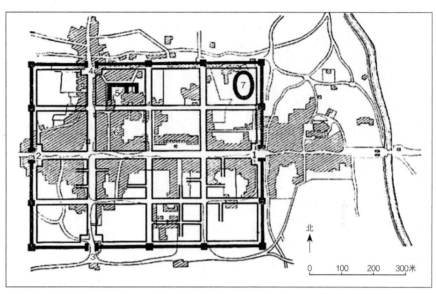

图4-4 阿奥斯达
资料来源：Бунин А.В. История
Градостроительного Искусства. Том
Первый. Москва，1953

1—正门；2—后门；1-2—东西干道；3—左侧门；4—右侧门；3-4—南北干道；5—神庙；6—广场；7—竞技场

御塔，阿奥斯达共有20座高塔。阿奥斯达城的东西干道宽9.8米，与南北干道成"十"字交叉。南北干道不在城市中央，而是偏西。城市广场坐落在交叉点的东北角。城内被棋盘式的道路分成16个主街区、64个分街区，其中大部分街区都是兵营。城内北部另有大型神庙、公共浴场、剧场和角斗场。

四、诺伊斯

公元前16年，古罗马士兵在埃尔夫特河（Erft）汇入莱茵河（Rhine River）处建造了一座木质堡垒，公元1世纪中期建筑了一座石质军营诺伊斯（Castra Novesia），可容纳6500名士兵。在军营附近则建立起战壕和一座战地城市，供士兵的家人居住，以及供商人、旅馆主和军械工人等工作。256年，古罗马军队撤走，这里成为商人和手工业者的居住区，又逐渐建造了防波堤和教堂等建筑。

诺伊斯营寨城（图4-5）占地24公顷，东西长约400米，南北长约600米，东西干道和南北干道呈"T"字形相交，交叉点正南是城市中心广场。城内大部分是兵营和其他军事相关建筑，公共建筑设施有浴场和商店等。外围有城墙、壕沟。

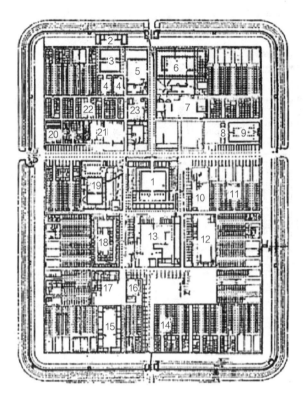

1—中心广场；
2—加工厂；
3—粮仓；
4—特别兵营；
5—商店；
6—商店；
7—浴场；
8—特别兵营；
9—报告厅（属于第1步兵大队）
10—特别兵营；
11—第1步兵大队的军舍；
12—商店；
13—指挥部；
14—百人队的兵营；
15—商店；
16—特别军营；
17—商店；
18—医院；
19—浴场；
20—兵营；
21—指挥官住所；
22—辅助的居住单元；
23—辅助的指挥部单元

北

0   100   200米

图4-5 诺伊斯
资料来源：杨珂珂. 浅析古罗马
营寨城的规划模式. 小城镇建设，
2009（1）

庞
贝

第
三
节

庞贝（Pompeii）是亚平宁半岛西南角坎帕尼亚（Campania）地区一座古城，公元79年毁于维苏威火山（Mount Vesuvius）大爆发。庞贝城因为突然被火山灰掩埋，街道房屋保存较为完整，为人们了解古罗马社会生活和文化艺术提供了宝贵资料。

一、庞贝古城

据记载，公元前6世纪，奥斯坎斯部落居住于此，从事渔业和农业生产。公元前89年，庞贝城被罗马人占领，成为罗马共和国的属地。到公元79年为止，这里已经成为富人的乐园，贵族富商纷纷到此营建豪华别墅，尽情寻欢作乐。庞贝城人口超过2.5万人，成为闻名遐迩的酒色之都。

庞贝古城（图4-6a、图4-6b）位于维苏威火山的南坡，周围地区是一片平原。平原上遍布柠檬林和葡萄园，一片金光灿烂。小城四周有石砌城墙，高7~8米，设有7个城门，14座塔楼。纵横各两条笔直的大街构成了城内的主干道，使全城呈井字形。全城分为九个地区。大街中间是10米宽的石板路，两旁是人行道。城市中最宽阔的大街叫丰裕街，石板路面上有条条车辙，街的两边是酒

图4-6a 庞贝遗迹
资料来源：Бунин А.В. История Градостроительного Искусства. Том Первый. Москва，1953

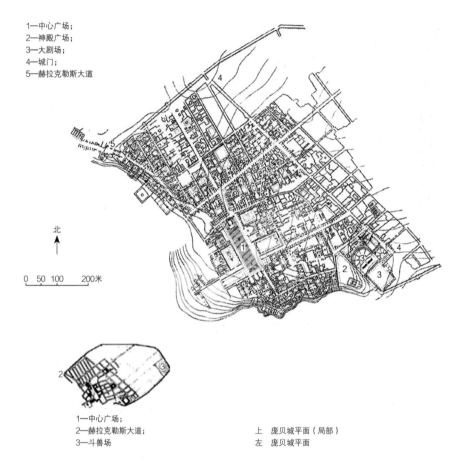

1—中心广场；
2—神殿广场；
3—大剧场；
4—城门；
5—赫拉克勒斯大道

北

0 50 100 200米

1—中心广场；
2—赫拉克勒斯大道；
3—斗兽场

上 庞贝城平面（局部）
左 庞贝城平面

图4-6b 庞贝城平面
资料来源：Бунин А.В. История
Градостроительного Искусства. Том
Первый. Москва，1953

馆、商店和住宅。西北—东南向的道路大体指向维苏威火山。

在庞贝城的东南角，有两座露天剧场。一座用来演出戏剧，另一座是小演
奏厅，专门用于喜剧和音乐演出。这里还有一座宏伟的竞技场，可以容纳两
万人。

二、中心广场

庞贝中心广场（图4-7）位于城的西南角，南北长117米，东西宽33米。广
场北端正中是朱庇特神庙（Temple of Jupite）。其背景正是维苏威火山。由于广
场周边的建筑建于不同时期，显得凌乱，后来沿边建了一周两层高的柱廊，使
空间变得统一而完整。

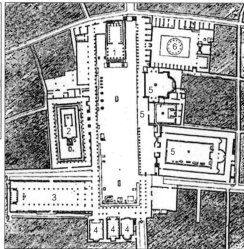

上　庞贝广场复原
右　庞贝广场平面

图4-7　庞贝中心广场
资料来源：Баранов Н.В. Композиция
центра город. Москва，1964；
沈玉麟. 外国城市建设史·第六章
古罗马的城市. 北京：中国建筑
工业出版社，1989

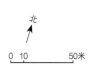

北

0　10　　　　50米

1—朱庇特神庙；
2—阿波罗神庙；
3—交易所；
4—行政大楼；
5—文化建筑；
6—市场

三、大剧场

　　庞贝城东南角是露天大剧场（图4-8），大剧场前有柱廊环绕的矩形广场。露天大剧场建立于约公元前1世纪，可容纳近2万人，是古罗马圆形剧场中最古老的一个。这里有3层观众席，最上层留有支撑顶棚的支柱。

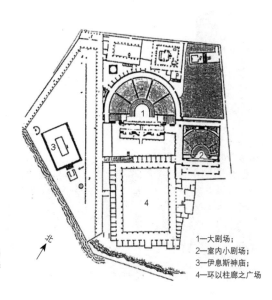

图4-8　庞贝大剧场
资料来源：李道增. 西方戏剧、剧场
史·第五章古罗马的剧场. 北京：清华
大学出版社，1999

北

1—大剧场；
2—室内小剧场；
3—伊息斯神庙；
4—环以柱廊之广场

四、赫拉克勒斯大道

　　庞贝主要街道宽约6～7米，次要街道宽2.4～4.5米。通往广场的街道用块石砌筑，一般道路用乱石砌筑，道路有人行道，有路牙，做出转弯半径。

　　赫拉克勒斯（Heracles）大道（图4-9a、图4-9b）在城的西北角，沟通城内外。赫拉克勒斯是希腊神话中的大力神。道路两侧建筑错落有致，大部分以柱廊相连。与小路连接非垂直相交，经过处理，形成一个三角形小广场，使道路对景丰富，空间完整而生动。

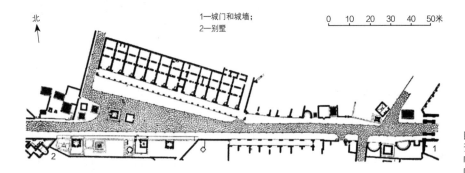

图4-9a　赫拉克勒斯大道平面
资料来源：Бунин А.В. История Градостроительного Искусства. Том Первый. Москва, 1953

图4-9b　赫拉克勒斯大道
资料来源：网络

罗马 第四节

大约在公元前2000年，罗马已有人居住。相传罗马的创建人罗慕洛（Romulus）是母狼喂养大的。约公元前753年罗马建城。公元1—2世纪，罗马成为西方历史上最大的帝国，罗马城进入全盛时期。

一、罗马门户俄斯提亚

俄斯提亚（Ostia Antica）位于台伯河入海口，在罗马西南约20公里，是古罗马的临海门户。自公元前4世纪起发展，在罗马黄金时代，这里扩张为10万人口的大都市。然而自君士坦丁大帝（Constantinus I）迁都至君士坦丁堡（Constantinopolis）后，俄斯提亚渐渐衰退。

俄斯提亚（图4-10a ～图4-10c）建有图拉真（Traiani）港湾和克劳蒂斯港湾。粮食等即通过俄斯提亚运入罗马。除港湾外，俄斯提亚还建有神庙、剧场、浴场等设施。

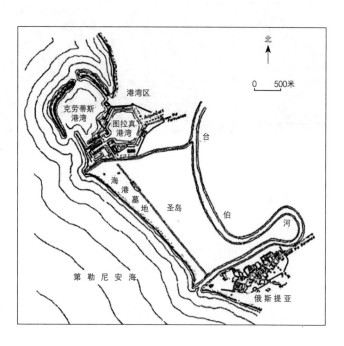

图4-10a　俄斯提亚港湾
资料来源：网络

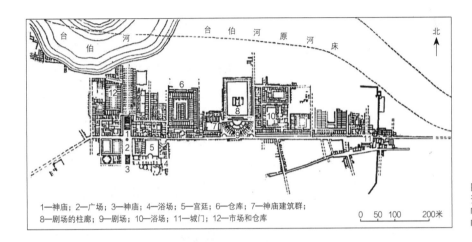

图4-10b 俄斯提亚城平面
资料来源：Бунин А.В. История Градостроительного Искусства. Том Первый. Москва，1953

1—神庙；2—广场；3—神庙；4—浴场；5—宫廷；6—仓库；7—神庙建筑群；8—剧场的柱廊；9—剧场；10—浴场；11—城门；12—市场和仓库

0 50 100 200米

图4-10c 俄斯提亚鸟瞰
资料来源：网络

二、共和广场和帝国广场

罗马（Rome）古城在"罗马七丘"自然发展，并在"罗马七丘"的中心帕拉丢姆（Palatinus）以北逐步出现广场，形成广场群。共和广场（Republician Forum）建于公元前504—前27年，公元前27—476年建成帝国广场（Imperial Forum）。

广场建筑群的所在地曾经是沼泽。塔克文王朝时期（Lucius Tarquinius Superbus，公元前616—前509年）将之进行改造，修建了最早的罗马广场。从此，这里成了罗马的政治、宗教中心和经济中心，也是罗马城人民的公共生活中心（图4-11）。

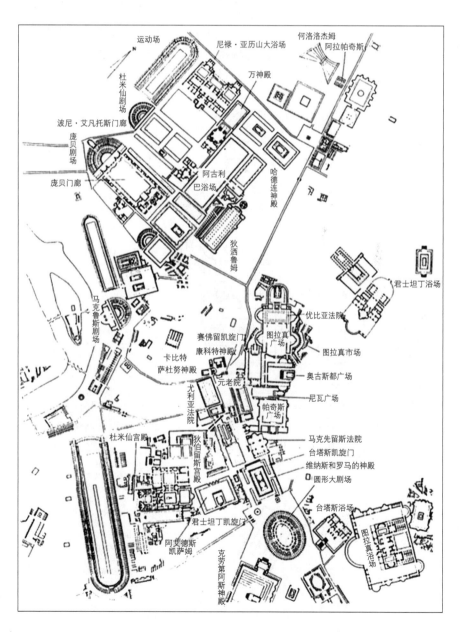

图4-11　古罗马市中心平面图
资料来源：建筑史：第五章：古代罗马建筑（公元前8世纪—4世纪）

　　共和时期的广场是市民公共活动中心，自然发展，形式自由、开放。共和
后期，罗马政体向帝国过渡。从恺撒开始，加之其后多位皇帝的扩建，帝国广
场建筑群最终形成。

　　帝国广场是一个广场群，由图拉真广场、奥古斯都广场、内尔瓦广场等组成。
几个广场形体、大小不同，但都有以主体建筑为中心形成的主轴线；广场空间以
主轴线严格对称；主轴线相互垂直，组合成严整的空间关系；各广场用柱廊相
联系。帝国广场各自按设计一次建成，平面为长方形，四周柱廊的一端建造神
庙。这些广场都是为纪念个人功绩而建造的（图4-12a～图4-12f）。

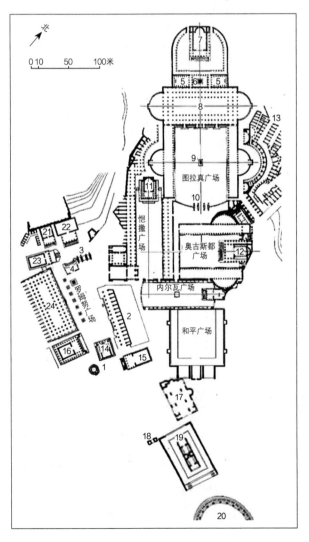

1—神庙；
2—艾米利亚会堂；
3—塞维鲁凯旋门；
4—检阅台；
5—图书馆；
6—图拉真纪功柱；
7—图拉真庙；
8—乌尔比亚巴西利卡；
9—图拉真骑马像；
10—凯旋门；
11—维纳斯神庙；
12—战神庙；
13—图拉真市场入口；
14—凯撒神庙；
15—安东尼与法斯提娜神庙；
16—卡斯托与波卢克斯神庙；
17—马谢勒与君士坦丁会堂；
18—台塔斯凯旋门；
19—维纳斯与罗马神庙；
20—斗兽场；
21—维斯帕先神庙；
22—和平神庙；
23—农耕神庙；
24—柔莉亚会堂

图4-12a　古罗马广场群平面
资料来源：Бунин А.В. История
Градостроительного Искусства. Том
Первый. Москва，1953

图4-12b　古罗马广场遗迹
资料来源：笔者摄

图4-12c　图拉真纪功柱
资料来源：网络

图4-12d　古罗马图拉真广场复原
资料来源：陈志华. 外国建筑史（19世
纪末叶以前）（第四版）·第5章古罗马
的建筑. 北京：中国建筑工业出版社，
2010

图4-12e 古罗马奥古斯都广场示意
资料来源：陈志华. 外国建筑史（19世纪末叶以前）（第四版）·第5章古罗马的建筑. 北京：中国建筑工业出版社，2010

图4-12f 古罗马图拉真广场边的市场
资料来源：陈志华. 外国建筑史（19世纪末叶以前）（第四版）·第5章古罗马的建筑. 北京：中国建筑工业出版社，2010

（一）罗姆努广场

罗姆努广场（Forum Romanum）即罗马城旧广场，是共和时期公元前509—前27年建成的。

广场主要部分大体呈梯形，约长134米，宽63米。南北两侧各有一座巴西利卡（长方形会堂），供审判和集会用。广场东端是恺撒庙（Templum Divi Iulii）和奥古斯都凯旋门，西端是检阅台和另一座凯旋门。广场西北角的元老院和门前的集议场形成政治中心；恺撒庙和奥古斯都凯旋门以东的灶神庙和祭司长府是宗教中心。公元4世纪建造君士坦丁巴西利卡之后，广场向东扩展，建造了第度凯旋门。西端在检阅台外还有两座公元初期的神庙。

（二）恺撒广场

恺撒广场（Forum of Caesar）建于公元前54—46年，共和向帝国转变时期。广场长160米，宽75米。广场两侧有敞廊，保留了一些公共活动内容。广场顶端是恺撒家族保护神维纳斯的神庙，庙前有恺撒的骑马铜像。广场有明显的轴线，且较封闭。

（三）奥古斯都广场

帝国时期的广场完全变了性质，成为颂扬皇帝的纪念场地。广场封闭，轴线对称，形态严整。奥古斯都广场（Piazza Augusto Imperatore）建于公元前42—前2年，已不是公共活动场所，纯粹是为了皇帝而建。广场长120米，宽83米，周围以高围墙与外界隔离。战神马尔斯是奥古斯都的本位神。战神庙是奥古斯都广场的主体。

（四）图拉真广场

图拉真（Trajan，公元53—117年）是古罗马安敦尼王朝第二任皇帝。图拉真广场（Trajan's Forum）位于奥古斯都广场西面，是一处进深300米的巨大场地。广场最东面是一个弧形柱廊，柱廊正中间是图拉真凯旋门，从这里可以到达东面的奥古斯都广场。再往西是两座图书馆之间的图拉真纪功柱。由图拉真凯旋门，越过广场大理石地板的广阔区域与之相对的是乌尔比亚巴西利卡，修建该建筑的费用来自达契亚战争的战利品。它全长122米，外观平面构图类似于一个现代的田径场，长边为直，短边是两个半圆。图拉真广场是罗马最后一个帝国议事广场，由大马士革的阿波罗多罗斯（Apollodorus of Damascus）设计。

广场中央的图拉真纪功柱（Trajan's Column）于113年落成。净高29.55米，包括基座总高38.2米。柱身由20根直径4米、重达40吨的巨型卡拉拉大理石垒成，外表由浮雕绕柱23周；柱体之内，有185级螺旋楼梯直通柱顶。图拉真柱的基座是爱奥尼亚柱式，柱头采用多立克柱式。柱冠原为一只巨鸟，后来被图拉真塑像代替。1588年，教皇西斯都五世下令以圣彼得雕像立于柱顶。

当年图拉真柱所在空间环境完全是封闭的。图拉真柱的设立纯粹是为图拉真歌功颂德。

（五）和平广场

韦斯帕芗广场也叫和平广场。罗马帝国第九位皇帝韦斯帕芗（Vespasianus，公元9—79年）镇压了犹太人的起义之后用战利品修建了这座广场。和平广场以和平神庙为重点，两边是图书馆和画廊。

（六）内尔瓦广场

在奥古斯都广场与和平广场之间的狭长地带，罗马帝国第十一位皇帝多米提安（Domitian）建了一个过道性广场。此广场最后由罗马帝国第十二位皇帝内尔瓦（Nerva）完成，故名内尔瓦广场。

三、阿德良离宫

阿德良离宫（Villa of Hadrian，图4-13a、图4-13b）建于公元114—138年，位于距罗马城24公里的替伏里（Tivoli）。阿德良是罗马帝国第十四位皇帝，有比较高的文化修养，尤其热爱建筑并爱好设计建筑，于公元117—138年在位。他巡游帝国各地，见有喜欢的建筑，就在离宫中仿造，但又好别出心裁。离宫中有宫殿、庙宇、浴场、图书馆、剧场、敞廊、亭榭、鱼池等，占地18.13平方公里。个体很精致，极为奢华。

阿德良离宫是多轴线的，也可以说各个体之间互相没有轴线关系。阿德良离宫包括多种建筑场地，多种功能和复杂的空间秩序组织，每个局部都有秩序，但总体空间组织形式多样；多种轴线的交汇，不同轴线以巧妙方式相遇、转折，形成复杂形式和灵活组织；与山体和自然环境巧妙结合。人们进入离宫无从感觉其建筑的不规则和空间的无序。

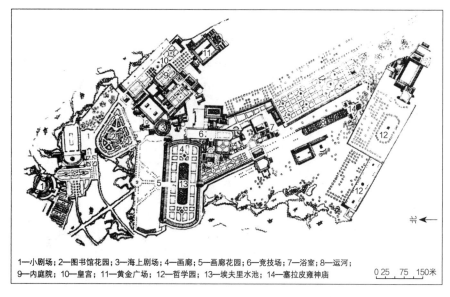

图4-13a　阿德良离宫平面
资料来源：网络

1—小剧场；2—图书馆花园；3—海上剧场；4—画廊；5—画廊花园；6—竞技场；7—浴室；8—运河；
9—内庭院；10—皇宫；11—黄金广场；12—哲学园；13—埃夫里水池；14—塞拉皮雍神庙

0 25　75　150米

图4-13b　阿德良离宫
资料来源：网络

第五节 君士坦丁堡（伊斯坦布尔）

君士坦丁堡，今伊斯坦布尔（Istanbul），位于黑海与马尔马拉海（Sea of Marmara）之间博斯普鲁斯海峡（Bosporus Strait）的金角湾（Altın Boynuz）。

公元395年，罗马帝国分裂为东、西两部分，历史学家为了区分古罗马帝国和中世纪的罗马帝国，称东罗马帝国为"拜占庭帝国"[1]。拜占庭位于欧洲东部，领土曾包括亚洲西部和非洲北部，极盛时领土还包括意大利、叙利亚、巴勒斯坦、埃及和北非地中海沿岸。

一、新罗马城

新罗马城即君士坦丁堡（图4-14a ～图4-14e），其设计完全仿照罗马，分为14个区。在城里也可以找到同罗马一样的7座山丘，不过明显可见的山丘只有6座，第七座坐落在城市南部的缓坡上，需要极高的想象力才能分辨出来。城中有一条流向马尔马拉海的小河，名为利科斯河，被认为是新的台伯河。

203年，罗马皇帝塞普蒂米乌斯·塞维鲁（Septimius Severus，公元145—211年）在此扩建了城墙，并修建了赛马场（Hippodrome）。公元330年，罗马皇帝君士坦丁一世在拜占庭（The Byzantine Empire）即东罗马帝国建立新都，命名为新罗马（Nowa Roma）。但该城普遍被以建立者之名称作君士坦丁堡。1453年5月，君士坦丁堡被奥斯曼帝国（Ottoman Empire，1299—1923年）攻陷，此后成为奥斯曼帝国的新首都，再次繁荣起来。习惯上将基督教治下（公元330年5月—1453年5月）的该城称作君士坦丁堡，而将此后伊斯兰教治下的城市称作伊斯坦布尔。

---

1 1557年，德意志历史学家赫罗尼姆斯·沃尔夫（Hieronymus Wolf，1516—1580年）为了区分罗马时代与中世纪东罗马帝国，引入了"拜占庭帝国"（Imperium Byzantinum）这个叫法。这个称呼来源于其首都君士坦丁堡（伊斯坦布尔）的前身——古希腊的殖民地拜占庭城。17世纪之后，经过孟德斯鸠等人的使用，这个称呼逐渐被西欧历史学家广泛应用。

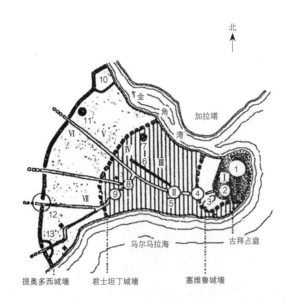

北

1—卫城；
2—圣索菲亚教堂；
3—赛马场（海波特罗姆）；
4—君士坦丁广场；
5—提奥多西广场；
6—瓦伦斯导水渠；
7—神圣使徒大教堂；
8—公牛广场（Forum Bovis）；
9—阿卡狄乌斯广场；
10—布兰奇恩宫；
11—卡利教堂；
12—雷金门；
13—金门和耶迪尔丘尔教堂；
Ⅰ～Ⅶ—山头

0   1   2千米

图4-14a 伊斯坦布尔的演变
资料来源：网络

图4-14b 新罗马
资料来源：网络

图4-14c 伊斯坦布尔城市全景
资料来源：网络

图4-14d 伊斯坦布尔城
市轮廓线
资料来源：网络

图4-14e 伊斯坦布尔与
博斯普尔士海峡

二、城墙

伊斯坦布尔城市最早的城墙是早年为保护希腊统治时期的卫城而建，当时长约6公里。

以皇宫为起点，君士坦丁一世修筑的城墙分成两路，向西延伸。由于君士坦丁堡的南北两边都濒临大海，因此这两段城墙的高度只有12～15米，整个城市坐落在城墙后面的山丘之上，远来的商船从海上就可以望见圣宫建筑群、赛马场、圣索菲亚大教堂（该教堂的巨大穹顶可以当作灯塔使用），以及城内林立的各种宏伟建筑。在城市的西端坐落着第三段城墙，即长达4.3公里的君士坦丁堡城墙。

公元5世纪，由于人口迅速增长，提奥多西二世皇帝在西边修筑了提奥多西城墙，将城市面积扩大了两倍。扩建之后的君士坦丁堡城墙全长21.5公里，其中临马尔马拉海的城墙长8公里，金角湾一侧长7公里，靠陆地的一边长6.5公里。

提奥多西城墙外就是色雷斯平原，因此这段城防系统被设计得复杂无比。城墙从外向内依次为外护墙、护城河、护城河内墙、陡坡护壁、外城台（Peribolos）、外城墙、内城台（Parateichion）、内城墙。

外城墙高约8米，内城墙高约12～20米。城墙外侧陡立，用花岗岩巨石砌成，墙顶为人行道和作战平台，并有雉堞掩护士兵。城墙内侧为斜坡，有岩石护墙、藏兵洞和仓库。外城墙和内城墙上耸立着96座塔楼、300多座角楼和碉堡，塔楼凸出城墙约5米，平均间距60多米，形成强大的火力支援系统。城墙外为宽约18米的护城河。

公元203年，罗马皇帝塞普蒂米乌斯·塞维鲁（Septimius Severus）环着这道希腊城墙，相隔300多米，建起了另一座城墙，长约6公里。城墙每隔一段便建有一个塔楼，共27座。

公元324年，君士坦丁大帝决定将君士坦丁堡作为东罗马帝国的国都，往西6公里又筑了城墙。

东罗马帝国皇帝狄奥多西二世（Theodosius Ⅱ）在公元412—413年又修建了一道后来被命名为"狄奥多西之墙"的城墙。它有一道主墙、一道较矮的前墙和一道灌满水的壕沟。

三、中央大道

君士坦丁堡城市中心著名的建筑包括圣索菲亚大教堂、苏丹艾哈迈德清真寺（蓝色清真寺）、君士坦丁堡大皇宫、君士坦丁堡赛马场和由大皇宫及其广场组成的中央大道（图4-15）。

大皇宫在拜占庭旧城原址的小山丘上，是全城的制高点，南临马尔马拉海，

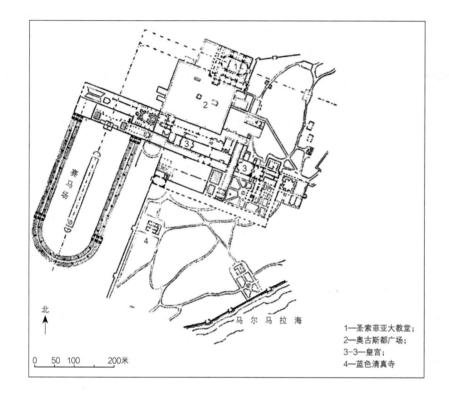

图4-15　君士坦丁堡城市中心平面
资料来源：Бунин A.B. История
Градострои тельного Искусства.
Том Первый. Москва，1953

1—圣索菲亚大教堂；
2—奥古斯都广场；
3-3—皇宫；
4—蓝色清真寺

占地60多万平方米，是君士坦丁堡最豪华的建筑群。大皇宫中供皇帝居住的是达夫纳宫。皇帝的寝室有三扇巨大的落地窗，可以俯视马尔马拉海以及阶梯状花园。花园向下延伸，一直通往大海。花园中还有地下通道，皇帝可以由此前往赛马场。

皇宫的西边是面积巨大的赛马场，从皇宫中可以望见赛马场里面的场景。赛马场北门外是黑色大理石铺地的奥古斯都广场，此处树立着"Milion"，即帝国公路的零里程标志。柱廊拱卫的梅塞大道从这个广场通向城市的远方。奥古斯都广场的北边是巨大的圣索菲亚大教堂。向西不远，就是圆形的君士坦丁广场。这里是君士坦丁堡商业和政治活动的第一大中心，北边是帝国元老院，其门前几十级宽大的大理石台阶是政要显贵向公众发表演说的论坛。广场中心耸立着一座数十米高的巨型花岗石圆柱，顶端是从雅典运来的高大的阿波罗铜像。

君士坦丁广场西边是长方形的提奥多西广场，它是多条罗马帝国军事大道的汇合点，也是全城最大的集市。这里作坊店铺林立，商号钱庄毗邻。

提奥多西广场之后，梅塞大道折向西南，经过公牛广场、阿卡狄乌斯广场，一直通往金门。君士坦丁堡的居民认为，通往罗马的大道所经过的那座城门门扉是金子做的，因此称之"金门"，实际上门扉的材质可能是黄铜。城门本身用白色大理石修建，门顶上树立着一座巨大的雕像——一个人牵着5头大象。阿卡狄乌斯广场上坐落着阿卡狄乌斯皇帝圆柱。

四、古赛马场

君士坦丁堡古赛马场即伊斯坦布尔苏丹艾哈迈德广场（Sultanahmet Square），是君士坦丁堡的中心。君士坦丁堡被罗马人占领后，公元203年，国王塞普提莫斯·塞维茹斯（Septimius Severus）建造了赛马场。拜占庭时期，君士坦丁大帝扩建广场。后于330年落成。

赛马场长400米，宽120米，可容纳观众3万人。赛马场的中心地区称为"斯匹纳"（Spina），比赛一般在斯匹纳的四周进行。最初，这里只供比赛用，后来很多公共活动如集会、婚礼等也在这里举行。赛马场车道铺着沙子，可容8辆马车并驾齐驱。

在古代，赛马和双轮战车赛车是受欢迎的休闲活动，在希腊化时期、古罗马时期和拜占庭时期的希腊城市，赛马场都很常见。

君士坦丁堡赛马场也是一个露天博物馆。这里有从世界各地运来的方尖碑、石柱等（图4-16a～图4-16d）。

图4-16a　君士坦丁堡（伊斯坦布尔）古赛马场鸟瞰
资料来源：《伊斯坦布尔》，ARD

图4-16b 图特摩斯方尖碑
资料来源：网络

图4-16c 墙柱
资料来源：网络

（一）图特摩斯方尖碑

狄奥多西大帝（Theodosius the Great，约公元346—395年）在390年从埃及购买了一块粉红色花岗石雕刻的方尖碑，竖立在赛道内侧。这块方尖碑在大约公元前1490年，古埃及第十八王朝法老图特摩斯三世（Thutmose Ⅲ，公元前1514—前1425年）在位期间，就竖立在卢克索的卡纳克神庙，底座由大理石制成，上面装饰着浮雕，内容为皇帝观看战车比赛，周围环绕着他的家人和保镖。狄奥多西大帝将其切割成三块，运回君士坦丁堡。碑原高32.5米，现高20米，为了运输方便，靠近基座一端被截去了约12米（图4-16b）。

（二）君士坦丁方尖碑和墙柱

公元10世纪，东罗马帝国皇帝君士坦丁七世（Constantine Ⅶ，公元905—959年）为纪念其祖父巴西尔一世贝斯雷奥斯，在赛马场的另一端，兴建了另一座方尖碑。碑高32米，碑身镶有镀金青铜浮雕，但后被洗劫并将青铜浮雕熔化。这个纪念碑的石质核心幸存了下来，被称为墙柱（图4-16c）。

图4-16d　君士坦丁堡古赛马场蛇形青铜柱与
图特摩斯三世方尖碑
资料来源：网络

（三）蛇形青铜柱

蛇形青铜柱（the Bronze Serpentine Column）是为纪念希腊在公元前479年发生普拉提亚战役（Pilates campaign）中打败波斯人而建造的。公元326年，君士坦丁大帝把它运来安放到了古赛马场的中央（图4-16d）。

来自希腊德尔斐阿波罗神庙的普拉提亚三脚祭坛，建造于公元前479年，是为了庆祝希腊人在波斯战争中的胜利。祭坛顶端是由三个蛇头支持的金碗，下部"蛇柱"由一个直径2米的黄金基座和三条盘绕向上的青铜蛇组成，柱高6.5米，现柱高为5米。

第六节

巴尔米拉

一、塔马城

巴尔米拉（Palmyra）是叙利亚沙漠上的一片绿洲，位于大马士革（Damascus）的东北方。巴尔米拉即塔马城（Tamar，图4-17），为古代犹太王国的国王所罗门（Solomon，公元前1010—前931年）所建，希腊语名字为巴尔米拉。

公元前1世纪的巴尔米拉是罗马帝国下一个享有自治权的城市，是地中海地区和东方的贸易中转站。中央大街全长1600米，把城市分成东西两半，建于公元2世纪。全城最大的贝尔（Bel）神庙位于中央大街南端。贝尔是巴尔米拉的主神，贝尔神庙始建于公元32年，有3座殿堂，呈U形分布，四周环绕着两排15米高的精美石柱支撑的回廊。城西北的小山下为墓地，分地面、地下两种。

二、列柱街

贯穿巴尔米拉城市东西的1.2公里长的列柱街（Colonnaded Street，图4-18a ～图4-18d），建造于公元2—3世纪。路面11米宽，两侧有6米宽辅路。列柱街从西向东，到贝尔神庙结束。在街的南面有议会、集市和剧场。建筑大多是科林斯式的，也受到美索不达米亚和波斯的影响。许多其他街道两侧或一侧也有列柱排列，如环绕剧场的街道等。巴尔米拉城有全长1600米的柱廊，展示了其宏伟气势。

图4-17　巴尔米拉
资料来源：网络

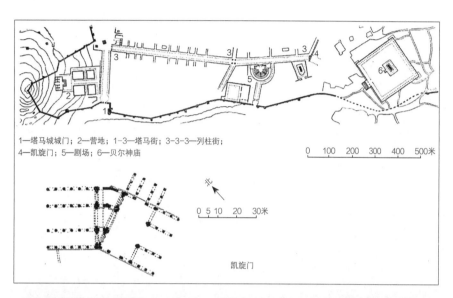

1—塔马城城门；2—营地；1-3—塔马街；3-3-3—列柱街；
4—凯旋门；5—剧场；6—贝尔神庙

0 100 200 300 400 500米

北

0 5 10 20 30米

凯旋门

图4-18a 巴尔米拉列柱街平面
资料来源：Бунин А.В. История
Градостроительного Искусства.
Том Первый. Москва，1953

图4-18b 巴尔米拉列柱街遗迹
全貌
资料来源：网络

图4-18c 巴尔米拉列柱街遗迹
资料来源：网络

图4-18d 巴尔米拉列柱街遗迹
资料来源：网络

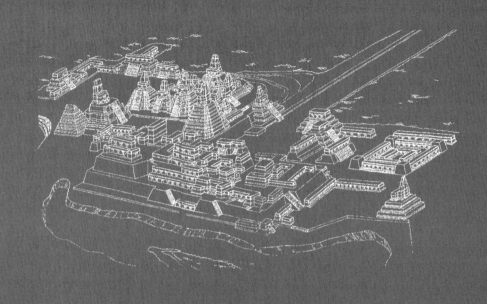

第五章

印第安文明

美洲原住民（除因纽特人[1]外）总称印第安人（American Indian）。印第安人培育了玉米、马铃薯，建造了高大的神庙，留下了在今天难以解释的文字，形成一种独特的印第安文明。印第安文明有三大代表，包括中美洲的玛雅文明和阿兹特克文明（Aztec Civilization），以及南美洲的印加文明（Cultura Incaica）。而奥尔梅克文明（Olmec Culture）是已知最古老的美洲文明，是中美洲古印第安文明萌芽阶段的文化，存在和繁盛于中美洲（现在的墨西哥中南部）前古典文明时期（公元前2000—公元初年）。

公元1世纪，特奥蒂瓦坎成为中美洲最强大的都会。公元2世纪，羽蛇神金字塔和月亮金字塔也最后完成，与太阳金字塔共同构成了城市的仪式中心，标志着特奥蒂瓦坎全盛期的来临。在公元650—750年，这个文明遭到毁灭，考古证据表明，特奥蒂瓦坎城市应该毁灭于一场人为的大火。

特奥蒂瓦坎灭亡以后，继而出现的是托尔特克（Toltec）的新时期。这些文明的开创者们继承了特奥蒂瓦坎文明的特色，在墨西哥谷地建立了一个新的文明。

后来阿兹特克（Aztec）人又继承了托尔特克人的文明，并结合自己的创造，建立了古代墨西哥谷地最后的印第安文明。

公元550年以后，特奥蒂瓦坎逐渐衰落，而玛雅文明则蓬勃发展，进入繁荣期。

---

1 因纽特人（Inuit），生活在北极地区，黄种人，分布在北极圈内外的格陵兰、美国、加拿大和俄罗斯。他们不喜欢人们称他们为"爱斯基摩人"（Eskimo），因为这种说法来自他们的敌人阿尔衮琴（Algonquins）部落的语言，意思是"吃生肉的人"，而"因纽特"是他们的自称，意思是"人类"。

<h1>第一节 奥尔梅克文明</h1>

奥尔梅克文明于公元前1200年左右产生于中美洲圣洛伦索高地（Sant Llorenc）的热带丛林当中。圣洛伦索是早期奥尔梅克文明的中心，在繁盛了大约300年后，于公元前900年左右毁于暴力。其后奥尔梅克文明的中心迁移到靠近墨西哥湾的拉文塔（La Venta），另外特雷斯萨波特斯（Tres Zapotes）也是其重要的文化中心。拉文塔的奥尔梅克文明持续到公元前400年，莫名其妙地消亡了。

奥尔梅克文明的主要特征为：巨石建筑——金字塔，巨石雕像，小雕像，大型宫殿，尚未破译的文字体系，玉器，美洲虎、羽蛇、凤鸟崇拜，橡皮球游戏……他们的巨石雕像高达3米，原料是花岗石，人像都是厚嘴唇、扁平的鼻子，凝视的眼睛，奇特的头盔（图5-1）。其面部特征很像非洲人。

奥尔梅克文明人像

图5-1　奥尔梅克文明人像
资料来源：网络

第二节
特奥蒂瓦坎

特奥蒂瓦坎古城（图5-2a ~ 图5-2c）位于墨西哥城（Mexico City）东北约40公里处，建于公元前150年到公元100年，在印第安人纳瓦语中，特奥蒂瓦坎意为"创造太阳神和月亮神的地方"。

特奥蒂瓦坎在公元前1世纪崛起后，至公元1世纪，太阳金字塔（Pyramid of Sun）已经在城市中心巍然伫立，成为整个中美洲最高大的建筑；人口迅速增长到10万，成为中美洲最强大的都会。公元2世纪，羽蛇神[2]金字塔（Pyramid of Kukulcan）和月亮金字塔（Pyramid

图5-2a　特奥蒂瓦坎平面
资料来源：平面据沈玉麟. 外国城市建设史·第四章古印度与古代美洲的城市. 北京：中国建筑工业出版社，1989；航拍引自网络

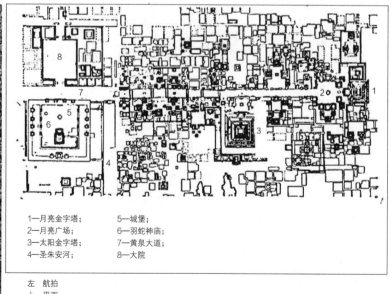

1—月亮金字塔；　　5—城堡；
2—月亮广场；　　　6—羽蛇神庙；
3—太阳金字塔；　　7—黄泉大道；
4—圣朱安河；　　　8—大院

左　航拍
上　平面

2 羽蛇神的名字叫库库尔坎（Kukulcan），是玛雅人心目中可以带来雨季，并与播种、收获、五谷丰登有关的神，是在托尔特克（Toltec）人统治玛雅城时带来的神。中美洲各民族普遍信奉这种羽蛇神。

图5-2b 特奥蒂瓦坎古城（自太阳金字塔看月亮金字塔）
资料来源：笔者摄

图5-2c 特奥蒂瓦坎古城月亮金字塔
资料来源：笔者摄

of Moon）也最后完成，与太阳金字塔共同构成了城市的仪式中心，标志着特奥蒂瓦坎全盛期的来临。在公元6—7世纪，特奥蒂瓦坎全城有20万人口。

特奥蒂瓦坎主要建筑沿城市轴线"黄泉大道"（也称"死亡大道""亡灵大道"）分布，各建筑群内部对称，形体简单的建筑立于台基上。纵贯南北的"黄泉大道"两侧匀称地分布着金字塔、庙宇、亭台楼阁以及大街小巷。太阳金字塔和月亮金字塔是特奥蒂瓦坎古城的主要组成部分。城堡后面有羽蛇神庙。从月亮金字塔顶向南望去，笔直宽阔的死亡大道通向远处。月亮广场以西是古城最豪华的"蝴蝶宫"——祭司的住所。

黄泉大道纵贯古城南北，长约3公里，宽40米，两旁的建筑错落有致，街道的坡度设计巧妙，每隔若干米建六级台阶和一处平台，给人以直逼云天之感。大道东侧是太阳金字塔，塔高65米，底为四边形，逐层向上收缩，南北长222米，东西宽225米，共有5层，其上建有太阳庙。在大道北端是月亮金字塔，它比太阳金字塔晚建了150年，高46米。月亮金字塔下是月亮广场。广场南北长204.5米，东西宽137米。月亮广场中央是一座四方形的祭台，特奥蒂瓦坎古城重要的宗教仪式都在这里举行，月亮广场的建筑讲究对称，给人宽广宏伟的感觉。

黄泉大道的另一端终点是古城第三座纪念性大建筑物——城堡。城堡内有神庙、住宅、广场及其周围的15座金字塔式平台，显然是个举行宗教仪式的地方，著名的"奎扎科特尔神庙"（Temple of Quezakotel）[3]就坐落在广场中心。奎扎科特尔即阿兹特克语中的"羽蛇之神"。羽蛇神庙是城堡内最雄伟壮观的建筑。

3 奎扎科特尔即阿兹特克语中的"羽蛇之神"，这座建筑物最为鲜明的特征是西面墙上的羽蛇头像，故名"奎扎科特尔神庙"。

第三节 玛雅文明

玛雅文明是美洲古代印第安人文明的杰出代表。

玛雅文明于公元前400年建立早期奴隶制国家，15世纪衰落，此后长期湮没在热带丛林中。早期的玛雅文明似乎受到更早的奥尔梅克文明的影响。

玛雅人有极为独特的城市规划和建设。他们建造了庙宇、金字塔和宫殿，并用石块修建了复杂的道路系统。城市通常都有一个中央广场，周围是用于举行宗教和政治仪式的石碑和神殿。

一、城邦

玛雅文明古典时期（7—10世纪）和后古典时期（10—14世纪）兴建了大小100余个城市及以此为基础的城邦国家。城邦大多以一个城市为中心，联合周围的农村和小城镇组成，但彼此的关系并不很严密。即使在玛雅文明的鼎盛时期，这些城邦也没有联合为一个大的统一国家。

（一）蒂卡尔

蒂卡尔（Tikal，图5-3a、图5-3b）经历了玛雅文明的前古典期和古典期，是玛雅文明古典时期最大的城邦，它见证了玛雅文明的兴盛和辉煌。蒂卡尔坐落于今危地马拉的佩滕省（Peten）的丛林中，东北距弗洛雷斯约35公里。蒂卡尔建在沼泽环绕的丘陵上，由九组建筑群和大广场组成，以桥梁和堤道相连，占地面积约2.6平方公里。

"蒂卡尔"意思为"能听到圣灵之声的地方"。遗迹中最大的杰作是5个巨大的金字塔神殿，站在64米高的4号神殿的顶端，鸟瞰四周的原始森林，有似身在摩天楼之感，但是这座巨大的玛雅城市在公元900年谜一般地崩溃了，玛雅的政治中心转移到了奇琴伊察。

公元292年，玛雅王"美洲虎之爪"王（Jaguar Paw，Chak Tok Ich'aak Ⅰ）开创王朝，为蒂卡尔日后称霸中美洲奠定了坚实的基础。此时玛雅文明的中心

图5-3a 蒂卡尔遗迹
资料来源: 网络

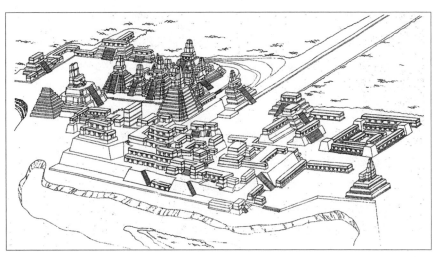

图5-3b 蒂卡尔中心城复原鸟瞰
资料来源: 陈志华. 外国建筑史
(19世纪末叶以前)(第四版)·第
19章玛雅的建筑. 北京: 中国建
筑工业出版社, 2010

已从南部移到中部。公元379年, 来自特奥蒂瓦坎的贵族"蜷鼻王"(Nun Yax
Ayin)继位, 他继续保持着蒂卡尔的强大与繁荣。

公元411—456年, "暴风雨天空二世"(Siyah Chan K'awil Ⅱ)在位, 他是
蒂卡尔第一次鼎盛期的最后一位国王。

公元6世纪, 受到来自墨西哥北部移民大迁徙浪潮的冲击, 蒂卡尔发生了政
治大动荡, 王朝风雨飘摇, 城市建设一度停歇。

100多年后，蒂卡尔又生机重现。整个公元8世纪，蒂卡尔连续出现三个强大的国王：阿卡高王、雅克京王和奇坦王。蒂卡尔城就建于这段时期。

第二次盛世时，蒂卡尔城市面积超过65平方公里，居民达5万人，共有3000座以上的金字塔、祭坛、石碑等；影响的区域达500平方公里，控制着近200万人口。仅在其中心区域，就有大型金字塔十几座、小型神庙50多座，它们以古老的中心广场为核心，旁边还有装饰着浮雕彩画的王宫和廊庑围绕的市场。好几条高出地面的石砌大道连接着各个宗教中心。

（二）科潘

科潘（Copan）是玛雅文明的著名城邦，控制范围大致包括今天洪都拉斯的科潘河流域及危地马拉的牟塔瓜河（Rio Motagua）流域中部。科潘是城邦的都城所在，位于今洪都拉斯科潘省科潘瑞纳斯镇（Copan Ruinas）东北约1公里，在洪都拉斯首都特古西加尔巴（Tegucigalpa）西北大约225公里处，靠近危地马拉。科潘主要包括三部分：一是由仪式广场、金字塔、球场和王宫组成的核心区（Main group）；二是位于西南的贵族居住区艾尔波斯齐（El Bosque）；三是位于东北、被称作拉斯塞布勒图拉斯（Las Sepulturas，意为"众坟丘之地"）的贵族居住区，两个区域之间有覆盖着白色石灰的道路相连，玛雅人称之为"白色之路"。

科潘在公元前1000年就已成为一个农业定居点，公元前200多年为玛雅古王国首都，也是当时科学文化和宗教活动中心。前古典时期（公元250—550年）科潘成为一个主要中心，受到特奥蒂瓦坎的影响。传说，科潘的第1王雅始库克莫（K'inichi Yax K'uk' Mo'，公元426—437年在位）在一个以交叉火炬为标志的圣殿中获得太阳神的加持和可以建国称王的身份，经过152天的长途跋涉，于公元426年9月来到科潘，建立王国。

科潘古城（图5-4a、图5-4b）的核心部分是宗教建筑，主要分布有金字塔、祭坛、广场、6座庙宇、石阶、36块石碑和雕刻等。大型金字塔等重要的建筑在土石砌成的平台之上，小型金字塔、庙宇、院落等其他建筑散布于大金字塔周围。宗教建筑外围是16组居民住房。

与宗教建筑最近的是玛雅祭司的住房，其次是部落首领、贵族及商人的住房，最远处则是一般平民的住房，反映了阶级社会中等级制度的宗教特点和宗教祭祀的崇高地位。在广场附近，一座庙宇的台阶上立着一个非常硕大的、代

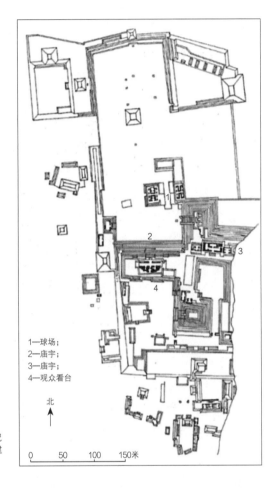

图5-4a　科潘城平面
资料来源：陈志华. 外国建筑史（19世纪末叶以前）（第四版）· 第19章玛雅的建筑. 北京：中国建筑工业出版社，2010

1—球场；
2—庙宇；
3—庙宇；
4—观众看台

北

0　50　100　150米

图5-4b　科潘遗迹
资料来源：网络

左　科潘城遗迹
上　科潘祭奠台遗迹

表太阳神的人头石像，上面刻着金星。另一座庙宇的台阶上，是两个狮头人身像，雕像的一只手握着一把象征着雨神的火炬，另一只手攥着几条蛇，嘴里还叼着一条蛇。在山坡和庙宇的台阶上，耸立着一些巨大的、表情迥异的人头石像。

在广场的山丘上有一座祭坛，高30米，共有63级台阶，它是由2500块刻着花纹及象形文字的方石块垒成，石阶两侧雕刻着两条倒悬着的花斑大蟒。在广场的中央，有两座有地道相通、分别祭太阳神和月亮神的庙宇，各长30米、宽10米。在两座庙宇之间的空地上，耸立着14块石碑，这些石碑建于613年至783年，所有的石碑均由整块的石头雕刻而成，高低不一，上面刻满了具有象征意义的雕刻和数以千计的象形文字。

科潘有一个面积约300平方米的长方形球场，地面铺着石砖，两边各有一个坡度较大的平台。科潘的玛雅人在举行祭祀仪式时，要进行一场奇特的球赛，用宗教活动来选拔部落中的勇士。

（三）奇琴伊察

奇琴伊察城邦位于墨西哥尤卡坦州（Yucatan）的首府梅尼达（Merida）以东120公里处，它的意思是"在伊察部族圣泉边沿的城邦"。

奇琴伊察古城始建于公元5世纪，公元7世纪时抵达巅峰，是后古典时期的新玛雅城邦。它包括两个不同时代的文化：古玛雅文化和玛雅–托尔特克文化（Mayan-Tol etec）。

城邦南北长2公里，东西宽15公里，占地面积大约25平方公里。其中属于"古奇琴"的建筑物有"三座门殿""四座门殿""红房"等。这些建筑的规模虽然较小，但结构很完备；一般庙殿都有门廊和内殿，有壁龛、壁画，或者雨神像。其中最重要的是横在两个人像石柱上面的石门楣的铭刻，它确切地表明这座建筑的纪年是公元879年，这时正是玛雅文化二期的末期。

北方的游牧民族托尔特克人于公元10世纪南迁至尤卡坦半岛，成为这个地区新的统治者，他们在发扬自己优良传统的同时，吸取了玛雅文明的精华，并与玛雅人一起，又兴建了许多新的城邦，其中就有新奇琴伊察。在新奇琴伊察城邦中，他们兴建了武士殿、金字塔、观象台、头颅墙、球场、市场等。这些建筑既有托尔特克人原有的风格，也保存了许多玛雅文化的特点。在奇琴伊察有一个被称为"螺旋塔"的天文观象台（图5-5），它在玛雅建筑中是独一无二

图5-5　天文观象台
资料来源：网络

的，这个观象台因在内部有螺旋形的梯道和回廊，屋顶也呈半圆形状而得名。塔体总高约12.5米，建在两层高的平台上，视野开阔，不失为进行天文观测的好位置。设计者充分了解观测的条件和需要，使塔内厚墙在观测室内形成的窗口也变成观测的工具，因此观象台本身就是一种天文仪器，它结构简明，形体规范，均取方圆几何线条，很具科学性，在古代建筑中极为罕见。

二、城堡型金字塔

　　玛雅金字塔较埃及金字塔稍矮，由巨石堆成，整个金字塔是灰白色的，顶端有一个祭神的神殿，更像一个祭坛，功用不仅仅是国王或首领的坟墓。玛雅金字塔被称为卡斯蒂略[4]（El Castillo）金字塔，即城堡型金字塔。

　　玛雅金字塔的方位可能有人类学上的重要性。太阳金字塔是稍微偏向4月29日与8月12日两天的日落水平点的西北边，这两天是特奥蒂瓦坎人占卜历法的日子。8月12日更是玛雅制历法的起始。除此之外，许多重要的天文活动可以在金字塔的地点观测到，这些资讯对古代社会的农业与宗教系统都是相当重要的。

　　在尤卡坦半岛上，耸立着9座巍峨的玛雅金字塔。

4　卡斯蒂略（El Castillo），意为城堡。

墨西哥特奥蒂瓦坎最大的建筑——太阳金字塔，位于"黄泉大道"中段的东侧，是特奥蒂瓦坎核心的一部分。

（一）库库尔坎金字塔

墨西哥奇琴伊察的中心建筑是一座耸立于热带丛林空地中的巨大的城堡型金字塔——库库尔坎金字塔。

库库尔坎金字塔是玛雅文明的遗迹。库库尔坎（Kukulcan）在玛雅文化中是"羽蛇神"的意思，被誉为是太阳的化身，即太阳神。

库库尔坎金字塔是城堡型金字塔的代表（图5-6a）。金字塔的设计数据都具有天文学上的意义，它的底座呈正方形，它的阶梯朝着正北、正南、正东和正西，四周各有91层台阶，台阶和阶梯平台的数目分别代表了一年的天数和月数，52块有雕刻图案的石板象征着玛雅日历中52年为一轮回年：这些定位显然是经过精心考虑的。在春分与秋分的日出日落时，金字塔的拐角在北面的阶梯上投下羽蛇神状的阴影（图5-6b），并随着太阳的位置在金字塔的北面移动。

上　全貌
右　立面与平面

图5-6a　库库尔坎金字塔
资料来源：网络

图5-6b　秋分时的库库尔
坎金字塔
资料来源：网络

图5-7　乔卢拉金字塔
资料来源：网络

（二）乔卢拉金字塔

乔卢拉金字塔（Great Pyramid of Cholula）是世界上最大的金字塔（图5-7），于公元前300年前建造，用于祭拜阿兹特克神话（Aztec mythology）中的羽蛇神。金字塔由一种烘焙过的泥土盖成，总共6层，地基长、宽各为450米，高约66米，总体积约445万立方米。它的地基是埃及吉萨金字塔的4倍大，体积是其2倍大。由于乔卢拉金字塔有很大面积都藏在土壤之中，外形太像山的原因，西班牙探险家埃尔南·科尔特斯（Hernán Cortés）把一座基督教教堂盖在了乔卢拉金字塔上。乔卢拉金字塔是一座山顶有个教堂的山丘，山是一座塔，塔是一座山。

三、宫殿

（一）千柱群

在墨西哥奇琴伊察库库尔坎金字塔的东面一座宏伟的四层金字塔上建有勇士庙（Temple of the Warriors），庙的前面和南面是一大片方形或圆形的石柱，被称为"千柱群"（图5-8），这些石柱过去曾支撑着巨大的宫殿。勇士庙的入口处有一个巨大的石雕——仰卧人形像，古玛雅人称它"洽克莫尔"（Chacmool）神像，它的后面是两个张着大嘴的羽蛇神。

洽克莫尔是墨西哥中部地区托尔特克人崇拜的神，他们的形象大量出现在托尔特克人的雕塑作品中。这些雕塑作品产生于约公元900—1200年。洽克莫尔的典型姿势非常奇怪，身体是躺着的，但上身仰起，双膝向上，头转向一侧，肚子像一个容器。据认为这些雕塑是用于祭祀，腹部的容器就是装贡品的。

上　千柱群
左　洽克莫尔像
右　勇士庙入口

图5-8　千柱群
资料来源：网络

（二）"蛇之宫殿"——坎古恩

在危地马拉的偏僻丛林中，在厚重的泥土与浓密的落叶下隐藏着一座距今2400年的"失落之城"——坎古恩（Cancuen），它曾存在了1200多年，是玛雅古文明最重要的商业中心之一。坎古恩在玛雅语中的意思是"蛇之宫殿"。

坎古恩的宫殿群遗址保存完好，它位于坎古恩古城的中央，是用石灰石建造的，共分3层、11个院落、170个房间，每一层高约20米，是科学家有史以来所发现的玛雅建筑中最为宏伟的建筑群（图5-9）。

图5-9 坎古恩宫殿群遗迹
资料来源：网络

第四节 印加文明

印加文明是南美洲古代印第安人文明，印加为其最高统治者的尊号，意为"太阳之子"。

一、安第斯文明

安第斯文明，指的是1532年被西班牙人入侵所灭以前存在于南美安第斯山脉地区的文明群。从史前时代到16世纪印加帝国（Inca Empire）的灭亡为止，安第斯文明绵延发展了约15000年，涵盖南北跨越4000公里、海拔差4500米的广阔空间，前后有多种多样的文明在此兴衰。

安第斯地区在一片有着丰富的自然及地貌多样性的土地上。被称为"南美洲脊梁"的安第斯山脉是世界上最长的山脉，纵贯南美大陆西部，范围从巴拿马一直到智利，全长8900公里，平均海拔3660米，最高峰为位于阿根廷境内的主山峰——阿空加瓜山，海拔6962米，也是世界海拔最高的死火山。安第斯地区拥有世界上海拔最高、大船可通航的湖泊——的的喀喀湖，的的喀喀湖的名称来源于当地人的语言，指"美洲豹的山崖"，海拔3812米，位于玻利维亚和秘鲁两国交界的科亚奥高原上。此外，安第斯地区还有占据国土面积一半以上的亚马孙雨林等。

二、印加帝国

印加族原为居住在秘鲁（Peru）南部高原的一个讲歧楚阿语（Kechua）的小部落，以狩猎为生。据传其最早的统治者曼科·卡帕克（Manqu Qhapaq）于公元1000年左右（一说为1200年）带领部落来到库兹科（Guzco），后来逐渐扩展，占领整个库兹科河谷。11代王瓦伊纳·卡帕克（Huayna Qhapaq，1493—1525年在位）时，印加人征服整个安第斯地区，建立起强盛的国家，在他的统治下，帝国达到顶峰。16世纪初由于内乱帝国日趋衰落，1532年被西班牙殖民者灭亡。1536年，曼科·卡帕克二世发动反对西班牙人的起义，1537年起义被镇压，曼科·卡帕克二世被迫逃亡，但其他起义者的反侵略斗争一直延续到

1572年，印加帝国遂亡。

印加帝国首都库兹科与全国各地有许多道路相连接，主要的两条道路自北而南纵贯全国，沿海的一条宽约7.3米、长4055公里，内地的与之平行的一条宽4.6～7.3米、长达5229公里，沿线设有驿站和里程碑。

印加时期的纪念性建筑和宫殿用大石块垒墙，石块可重达几十至上百吨重。在库兹科和马丘比丘（Machu Picchu）等地仍有遗存，库兹科城的宫殿、庙宇和城墙均以巨石建造，石块外形极不规则，为多边形，但轮廓明确肯定，相互间咬合紧密。衔接处不用灰泥，但仍极密合，刀片亦难插入，显示了高超的建筑技巧（图5-10）。

三、萨克沙瓦曼堡

印加帝国首都库兹科四面的制高点建有4座用以守卫都城的卫城。现在留存较为完整的是库兹科城西北郊3公里、海拔3600米的萨克沙瓦曼堡（Sacsahuaman，图5-11）。"萨克沙瓦曼堡"的含义是"山鹰"，建于1400—1508年。它依山而筑，有21个棱堡环绕，占地4平方公里。从上到下共有3道平行的、用巨石砌成的围墙守卫着城堡，这些围墙用30多万块深褐色巨石构筑而成，其中最大的一块巨石长9米、宽5米。石墙原高在18米左右，最里层的石墙周长360米，最外层的石墙周长540米，城墙上遍布坚固的堡垒、瞭望台。

图5-10　印加文明
资料来源：网络

图5-11　萨克沙瓦曼堡
资料来源：网络

第五节　阿兹特克文明

阿兹特克文明是墨西哥古代阿兹特克人所创造的最后的印第安文明，主要分布在墨西哥中部和南部，形成于14世纪初，1521年为西班牙人所毁灭。

一、湖中岛

传说，阿兹特克人的祖先是从北方一个叫阿兹特克的地方来的，他们根据太阳神威齐洛波契特里（Huitzilopochtli）的指示往南来到阿纳华克谷地（Anahuac valley）的德斯科科湖（Lake Texcoco）。当他们来到湖中央的岛屿时，他们看到一只叼着蛇的老鹰停歇在仙人掌上，这个现象告诉他们应该在这里建造城市。1325年，阿兹特克人在这个地方建立了特诺奇蒂特兰（Tenochtitlán），一座巨大的人工岛（图5-12），当代墨西哥城的中心。

二、特诺奇蒂特兰

特诺奇蒂特兰是墨西哥德斯科科湖中一座岛上的古都，位于今日墨西哥城的地下。约自1344年至1345年阿兹特克人于此统治墨西哥，直到1519年被西班牙人征服。

1325年起，阿兹特克人在德斯科科湖南部的沼泽岛上建城，用3条10米宽的土路与大陆相连。16世纪20年代，这座城市的面积达13平方公里，人口有30万之多，是当时世界上最大的城市之一。

城为四方形，城市街道、广场设置整齐。城市中心是以35米高的大神庙（Templo Mayor）为主的建筑群，大神庙供奉着雨神特拉洛克（Tlaloc）和太阳神威齐洛波契特里。中心广场四周有高墙围护，周围则是宫殿府邸。全城有10余公里的防水长堤，并有两条石槽从陆地引淡水入城。古代墨西哥阿兹特克帝国蒙特苏马王（Moctezuma Ⅰ，1398—1469年）的大宫廷有3个大院落和数百间房。

在特诺奇蒂特兰城的辉煌时期，阿兹特克人的君主统治着群山环绕的墨西哥高原，面积达3000平方英里。但是，西班牙人仅用了40年的时间就彻底征服了整个阿兹特克帝国。1519年特诺奇蒂特兰为西班牙殖民者科尔特斯攻陷，城市亦被付之一炬（图5-13）。

图5-12　湖中岛
资料来源：网络

图5-13　特诺奇蒂特兰
城市复原图
资料来源：网络

第六章

斯拉夫文明

　　大约6000年以前，在今乌克兰东部和俄罗斯南部的乌克兰平原（或称"东欧平原"）上生活着原始民族——斯拉夫人（Slavs）、凯尔特人（Celtics）和日耳曼人（Germani），他们被古罗马人称为古代欧洲的三大蛮族。

　　斯拉夫文明最早起源于波兰境内流入波罗的海（Baltic Sea）的维斯瓦河（Vistula）流域。斯拉夫人早期一直在东欧大草原上过着游牧生活，后来分别向西、向东和向南迁徙，成为西斯拉夫人、东斯拉夫人和南斯拉夫人。

　　公元6世纪，南斯拉夫人开始袭击拜占庭帝国。最早的斯拉夫国家萨摩公国（Samo）诞生于今捷克。7世纪时，南斯拉夫人开始在巴尔干半岛（Balkan Peninsula）定居，建立了第一保加利亚王国（First Bulgarian Empire）。9世纪，西斯拉夫人建立了大摩拉维亚国（Great Maravian State），东斯拉夫人更是建立了强大的基辅罗斯公国（Kievan Rus，公元882—1240年）。10世纪，西斯拉夫人又陆续建立了捷克公国及波兰王国。

俄罗斯

第一节

俄罗斯（Россия，Russia）民族的祖先是成长于东欧平原的东斯拉夫人的一支，生活在西起德涅斯特河（Днестр）、东到第聂伯河（Dnieper，Днепр）以及黑海北岸的广袤的东欧平原上。

11世纪中期，由于基辅罗斯的法律赋予所有王子继承权，国家逐渐四分五裂，出现了一批公国。莫斯科大公国（Grand Duchy of Moscow）是14—15世纪东北罗斯的封建国家，首都莫斯科。

15世纪末至16世纪初，以莫斯科大公国为中心，逐渐形成多民族的封建国家。1547年，伊凡四世[1]改大公称号为沙皇（царь）[2]。1721年，彼得一世（彼得大帝，Пётр Ⅰ Алексеевич，1672—1725年）改国号为俄罗斯帝国（Российская империя，Russian Empire）。

1　伊凡四世即伊凡雷帝（Иван Ⅳ Васильевич，1530—1584年）。
2　俄语中沙皇（царь）一词中的"沙"来自拉丁语凯撒（Caesar）的转译音（Цезарь），царь就是"大皇帝"的意思。中文则半音半义，译成"沙皇"。

莫斯科

第二节

莫斯科（Москва，Moscow）地处东欧平原中部，跨莫斯科河及支流亚乌扎河两岸。莫斯科与伏尔加流域（Волга，Volga River）的上游入口以及江河口处相通，是俄罗斯乃至欧亚大陆上极其重要的交通枢纽，也是俄罗斯重要的工业制造业中心、科技中心、教育中心，多次成为俄罗斯首都（图6-1）。

一、克里姆林

克里姆林（Кремль，Kremlin）原指城市中心的堡垒、"内城"。中世纪的俄罗斯城市具有鲜明的特点，地区的中心城市均有克里姆林宫及教堂，克里姆林宫是城市的中心，它的教堂、塔楼的金光闪闪的圆顶和尖塔主宰着城市的形态和形象。克里姆林宫比一般城堡大很多，里面除了有官邸外，还建有大教堂、武器库、粮仓等。城市围绕克里姆林宫向外扩展，形成放射环形路网结构。

除莫斯科外，俄罗斯著名的克里姆林宫还有大诺夫哥罗德（ВеликийНовгород）克里姆林宫、喀山（Казань，Kazan）克里姆林宫、斯摩棱斯克（Смоленск，Smolensk）克里姆林宫等。

图6-1 莫斯科克里姆林宫沿河景观
资料来源：笔者摄

　　莫斯科克里姆林宫是俄罗斯帝国历代帝王的宫殿、莫斯科最古老的建筑群
（图6-2a～图6-2e）。320年，伊凡一世用橡树圆木和石灰石建造克里姆林宫，屋
顶建造成特殊的圆拱形，克里姆林宫成为莫斯科公国的中心。1479年，位于克
里姆林宫中央的乌斯平大教堂竣工，金色的圆顶、高耸的塔尖在阳光下闪闪发
光。1491年，位于广场西侧的大公寝宫多棱宫建成，它以严格的建筑比例和立
方体形状而著称，正面镶嵌着削成四面体的白石。15—16世纪，中央教堂广场
上还建了圣母升天教堂、天使教堂、报喜教堂、伊凡雷帝钟楼等。1532—1543
年，在其北又建四层立方体钟塔楼。1600年，伊凡雷帝钟楼增至五层，冠以金
顶，高达80米，成为克里姆林宫向外联系的要素。1788年，参议院大厦（今政
府大厦）竣工。1812年，拿破仑下令炸毁克里姆林宫，幸运的是降雨及时扑灭
了火焰，建筑群大多被保留了下来。1838年，克里姆林宫重建，全部由俄罗斯
工匠采用本国建筑材料建成，外表看是三层建筑，实际是两层。19世纪40年代
建成克里姆林宫大厦。

　　莫斯科克里姆林宫大体呈不等边三角形。宫墙全长2235米，高5～19米不
等，厚3.5～6.5米，所围面积27.5万平方米。共4座城门和19个尖耸的塔楼，
其中最壮观、最著名的要数带有鸣钟的救世主塔楼——斯巴斯克（Спасская
башня，Spasskaya Bashnya）。斯巴斯克、尼古拉、特罗伊茨克、波罗维茨克、

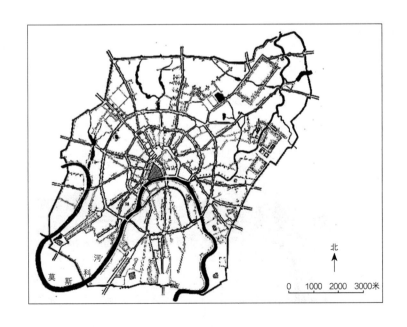

图6-2a　莫斯科克里姆林宫位置
资料来源：Бунин А.В. История
Градостроительного Искусства. Том
Первый. Москва，1953

1—乌斯平教堂；
2—伊凡雷帝钟楼；
3—阿尔汉格利斯克教堂；
4—勃拉格维辛斯基教堂；
5—多棱宫；
6—修道院；
7—教堂；
8—宫殿；
9—塔尼茨克门楼；
10—沃多夫兹沃德城门塔楼；
11—波罗维茨克城门塔楼；
12—特罗伊茨克城门塔楼；
13—桥头塔楼；
14—索巴金塔楼；
15—尼古拉城门塔楼；
16—斯巴斯克城门塔楼；
17—康斯坦丁-埃连斯基城门
　　塔楼；
18—别克连米雪夫斯基塔楼

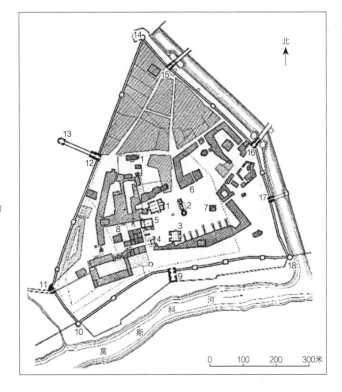

图6-2b　17世纪莫斯科克里姆林
宫平面
资料来源：Бунин А.В. История
Градостроительного Искусства.
Том Первый. Москва，1953

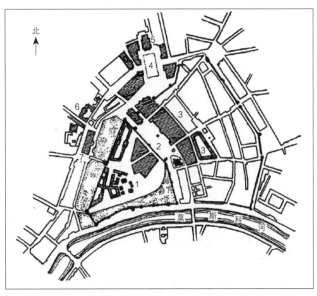

图6-2c　19世纪莫斯科中心平面
资料来源：Бунин А.В. История
Градостроительного Искусства. Том
Первый. Москва，1953

1—克里姆林教堂；2—红场；3—商场；4—剧院广场；5—大剧院；6—大学；7—练马场

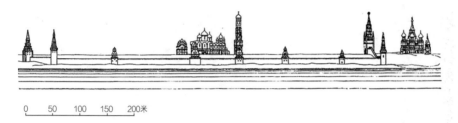

```
0    50   100  150  200米
```

图6-2d　莫斯科克里姆林宫沿河
立面（17世纪）
资料来源：Бунин А.В. История
Градостроительного Искусства. Том
Первый. Москва，1953

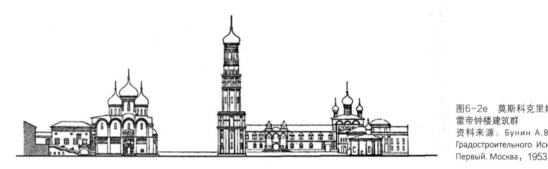

图6-2e　莫斯科克里姆林宫伊凡
雷帝钟楼建筑群
资料来源：Бунин А.В. История
Градостроительного Искусства. Том
Первый. Москва，1953

沃多夫兹沃德等5座最大的城门塔楼装上了红宝石五角星。著名的"克里姆林宫
的钟声"，源于斯巴斯克塔楼上的自鸣钟，塔楼高67.3米，下面的大门是进入克
里姆林宫的主要通道。

二、红场

　　红场（Красная Площадь，Red Square）是俄罗斯首都莫斯科市中心的著名
广场，西南与克里姆林宫相毗连。红场原名是"托尔格"，意为"集市"。它的
前身是15世纪末伊凡三世在城东开拓的"城外工商区"。1517年，广场发生大火
灾，故曾被称为"火灾广场"。1662年改称"红场"，意为"美丽的广场"，平面
长方形，面积约4公顷。红场的大规模扩建是在1812年以后。拿破仑的军队纵火
焚烧了莫斯科，莫斯科重建时，拓宽了红场。到20世纪20年代，红场又与邻近的
瓦西列夫斯基广场合二为一。红场南北长695米，东西宽130米，总面积9公顷多。
广场用赭红色方石块铺成，油光瓦亮（图6-3a～图6-3f）。
　　广场两边呈斜坡状，整个红场似乎有点微微隆起。在广场南面，向莫斯
科河微倾的斜坡上，矗立着东正教堂——瓦西里·勃拉仁内大教堂（Храм
Василия Блаженного，Saint Basil's Cathedral）。"勃拉仁内"的意思是仙逝、

升天，所以教堂也称"瓦西里升天大教堂"。教堂是为了纪念俄国沙皇占领喀山公国和伏尔加河三角洲地区的大城市阿斯特拉罕（Астрахань，Astrakhan），于1555—1561年修建的，它被誉为古代俄罗斯建筑艺术的卓越代表。瓦西里·勃拉仁内教堂由大小9座教堂巧妙结合起来，周围8座略小的教堂团团围住中间稍大的教堂，构成了一组精美的建筑群体。9座教堂均为圆顶塔楼，中央主塔高47.5米，周围是8座高低、形状、色彩、图案、装饰各不相同的葱头式穹隆。教堂用红砖砌成，白色石构件装饰，穹隆顶金光闪烁，配以鲜艳的红、黄、绿色。整座教堂洋溢着浓烈的节日气氛。在教堂前面，有爱国志士米宁即库兹马·米

图6-3a 莫斯科红场全景
资料来源：Баранов Н.В.
Композиция центра города.
Москва，1964

图6-3b 红场斯巴斯克门楼和瓦西里·勃拉仁内大教堂
资料来源：网络

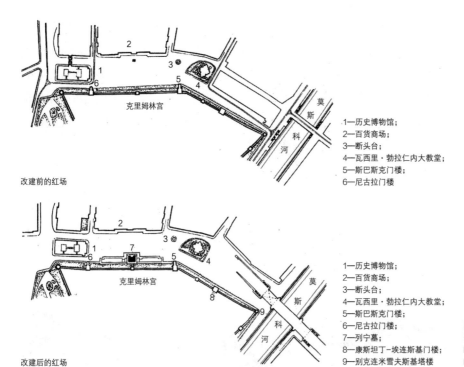

改建前的红场

1—历史博物馆；
2—百货商场；
3—断头台；
4—瓦西里·勃拉仁内大教堂；
5—斯巴斯克门楼；
6—尼古拉门楼

改建后的红场

1—历史博物馆；
2—百货商场；
3—断头台；
4—瓦西里·勃拉仁内大教堂；
5—斯巴斯克门楼；
6—尼古拉门楼；
7—列宁墓；
8—康斯坦丁-埃连斯基门楼；
9—别克连米雪夫斯基塔楼

图6-3c 莫斯科红场平面
资料来源：Баранов Н.В.
Композиция центра города.
Москва，1964

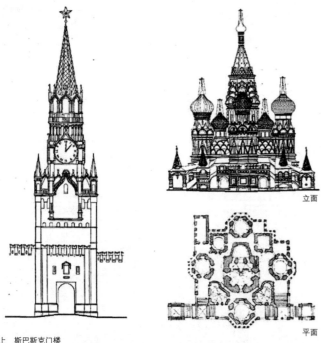

上 斯巴斯克门楼
右 瓦西里·勃拉仁内大教堂

立面

平面

0　5　10　15　20米

图6-3d 斯巴斯克门楼和瓦西
里·勃拉仁内大教堂
资料来源：Под Общеи Редакцией
Б. П. Михайлова，М. И. Рзянина
и Г. А. Шемякина.Вопросы Теории
Архитектурной Композиции 1.
Москва，1955；
Бунинх А.В. История
Градостроительного Искусства. Том
Первый. Москва，1953

图6-3e 名人墓
资料来源：网络

图6-3f 波扎尔斯基和米宁纪念
雕像
资料来源：网络

尼奇·扎哈里耶夫·苏霍鲁基（Кузьма Минич Захарьев Сухорукий）和德米特里·米哈伊洛维奇·波扎尔斯基（Дмитрий Михайлович Пожарский）纪念雕像[3]。

红场的东侧是国立百货商场，建成于1893年，由波梅兰兹夫设计。1920年代初改建，分上下两层，营业面积近8万平方米。

红场的北面是一座三层红砖楼历史博物馆，红砖白顶，建于1873年。教堂前是一个圆形的平台，俗称"断头台"，是当年向群众说教和宣读沙皇令的地方，也是行极刑的地方，行刑在台下进行，在台上宣读处死令和犯人罪状。

列宁墓（Tomb of Lenin）坐落在红场西侧，在克里姆林宫墙参政院塔楼的正前方。列宁墓由苏联建筑师阿·舒舍夫（Alexey Shchusev，1873—1949年）设计，1924年1月27日建成，最初是木结构的，1930年改用花岗石和大理石建造。底部是稳重的石基座，然后是台阶，向上逐级收小，其上是通往检阅台石级的平座；再往上是五级不同高度的台阶和由36根柱子组成的柱廊；顶部是两级阶梯状的平顶，为检阅平台，全民节日时在此检阅游行队伍和武装部队。由于陵墓体型简洁、朴素而庄重，又位于斯巴斯克门楼横向轴线与克里姆林宫墙纵向轴线相交处这一显著位置，从而成为红场建筑群的中心。

列宁墓的背后，紧靠克里姆林宫的红墙有二十几座墓，有斯大林、加里宁、斯维尔德洛夫、捷尔任斯基、勃列日涅夫、朱可夫等政治家和军事家，也有作家高尔基和人类历史上第一位宇航员加加林。这些墓的形制完全一致，方柱式墓碑上端是墓主人的半身胸像。

3 1611年，米宁和波扎尔斯基一起组织反抗侵略者，解放了被占领的莫斯科。1818年，为纪念他们的义举，在红场瓦西里·勃拉仁内大教堂前竖立了他们的雕像。

第三节

圣彼得堡

一、涅瓦河三角洲

圣彼得堡（Санкт-Петербург，Saint Petersburg）位于大涅瓦河和小涅瓦河汇聚的三角洲地带。在18世纪初，这里还是一片沼泽。彼得大帝为了开辟通向海外的窗口，于1703年开始在波罗的海口兴建彼得堡。彼得大帝首先在涅瓦河（Neva）三角洲的兔子岛（Заячий остров）上修建了彼得保罗要塞（Петропавловская крепость，Peter & Paul Fortress），驻重兵把守，以防御瑞典军队的进攻，后扩建为城堡。

1712年，俄罗斯将首都从莫斯科迁到圣彼得堡，直到1914年。为了使都城宏伟壮观，城市中心选在瓦西里岛（Василия）前大涅瓦河、小涅瓦河的交叉口。彼得保罗城堡中建了彼得保罗教堂（Петропавловский собор）。1727年，对岸的造船厂被改建为海军部（Адмиралтейство），海军部尖塔高72米。彼得保罗教堂、海军部两个尖塔和瓦西里岛端部的陈列馆鼎足而立，成为进入圣彼得堡的门户（图6-4a～图6-4c）。

彼得保罗教堂钟楼建于1712—1733年，高123米，钟楼尖顶上的天使塑像高3.2米，塑像双翼伸展3.8米，塑像头上十字架高6.4米，是全城最高的建筑（图6-4d）。

瓦西里岛按彼得大帝要求建了商务文化中心和码头（图6-4e、图6-4f）。1719—1721年，这里逐渐建起了俄罗斯陆军院、司法院、外交院等12院、交易所、中心商场以及教堂。涅瓦河在这里分成了两支——大涅瓦河和小涅瓦河。1810年，为了指引两条河流，建造了两幢灯塔。灯塔的底座有4座雕像，它们代表着俄罗斯4条主要的河流：伏尔加河、第聂伯河、涅瓦河以及沃尔霍夫河。塔顶的巨碗本来是用来盛燃烧用的麻油，后来安装了电灯，1957年以后，灯塔的能源是天然气。节日期间，可以看见灯塔上足有7米高的火舌。

图6-4a　圣彼得堡
资料来源：Бунин А.В. История
Градостроительного Искусства.
Том Первый. Москва，1953

北

0　1　2　3　4千米

1—彼得保罗城堡；
2—瓦西里岛；
3—海军部；
4—伊萨基也夫大教堂；
5—涅瓦大街；
6—捷尔仁斯基街；
7—马伊欧罗夫大街

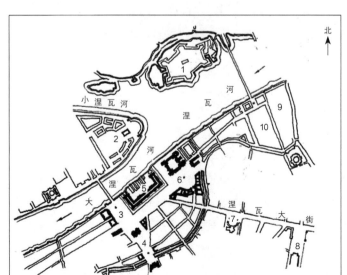

图6-4b　19世纪圣彼得堡中心

1—彼得保罗城堡；
2—瓦西里岛；
3—元老院广场；
4—伊萨基也夫大教堂；
5—海军部；
6—宫廷广场；
7—喀山大教堂；
8—亚历山大剧院；
9—夏园；
10—马尔索夫广场

图6-4c　圣彼得堡十二月党人广场、彼得保罗
城堡和瓦西里岛
资料来源：阿尔贝迪丽，等. 圣彼得堡历史与
建筑. 圣彼得堡：《美丽城市》出版社，2005

图6-4d　圣彼得堡彼得保罗教堂
资料来源：网络

图6-4e　圣彼得堡瓦西里岛端部鸟瞰
资料来源：网络

二、中心广场群

圣彼得堡中心广场群由4个广场组成：宫廷广场（Дворцовая площадь）、
海军部广场（Адмиралтейска площадь）、十二月党人广场[4]（Площадь
Декабристов）和伊萨基也夫广场（Исаакиевская площадь），广场群是圣彼得
堡的公共活动中心（图6-5a～图6-5e）。

广场群位于圣彼得堡涅瓦河左岸，与瓦　　　4 十二月党人广场原名"元老院广场"（Senate Square），为了纪念发生在
西里岛、彼得保罗城堡隔水鼎立。城市的三　　　1825年的十二月革命而改名。

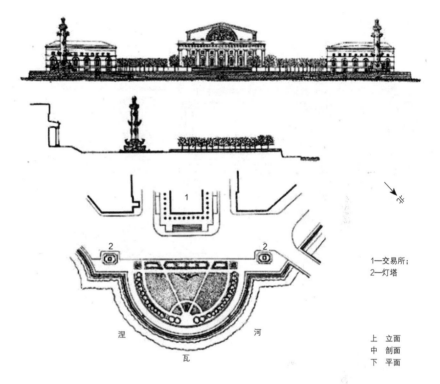

图6-4f　圣彼得堡瓦西里岛端部
资料来源：Академия Архитектуры
СССР Ленинградский Филиал.
Вопросы Планировки и Застроики
Ленинграда.Гасударственное
Издательство Литературы по
Строительству и Архитектуре，
1955

1—交易所；
2—灯塔

上　立面
中　剖面
下　平面

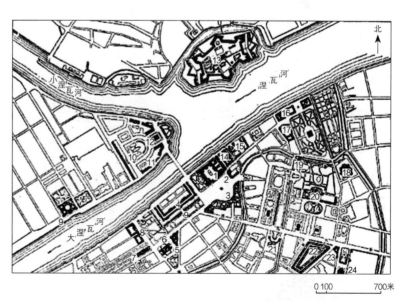

图6-5a　圣彼得堡中心
资料来源：Бунин А.В. История
Градостроительного Искусства. Том
Первый. Москва，1953

1—冬宫；2—近卫军司令部；3—总司令部；4—海军部；5—洛巴诺娃-罗斯托夫皇族府邸；6—伊萨基也夫大教堂；
7—练马场；8—元老院与宗务院；9—艺术学院；10—12院；11—科学与考古学院；12—交易所；13—彼得保罗教堂；
14—博物馆；15—博物馆剧院；16—大理石宫；17—巴甫洛夫斯克军团兵营；18—米哈伊洛夫赛堡；19—基督复活教堂；
20—米哈伊尔宫；21—喀山教堂；22—劝业场；23—公共图书馆；24—亚历山大剧院

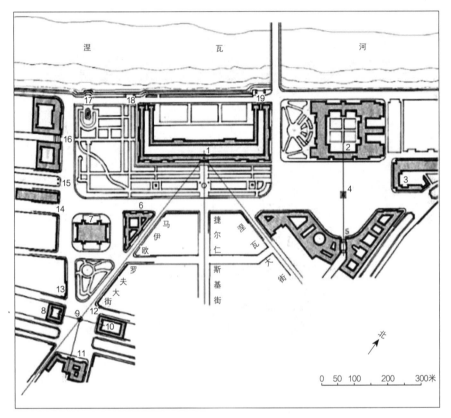

1—海军部；
2—冬宫；
3—近卫军司令部；
4—亚历山大洛夫柱；
5—总司令部；
6—洛巴诺娃-罗斯托夫皇族府邸；
7—伊萨基也夫大教堂；
8—土地规划部；
9—尼吉拉一世雕像；
10—农业部；
11—马林宫；
12—阿斯托利亚饭店；
13—德国大使馆；
14—马术练习所；
15—光荣雕像柱；
16—元老院与宗务院；
17—彼得大帝像；
18—有花瓶的滨河台阶；
19—有狮子的滨河台阶

图6-5b　圣彼得堡中心广场群
资料来源：笔者

图6-5c　圣彼得堡广场群建筑立面
资料来源：笔者

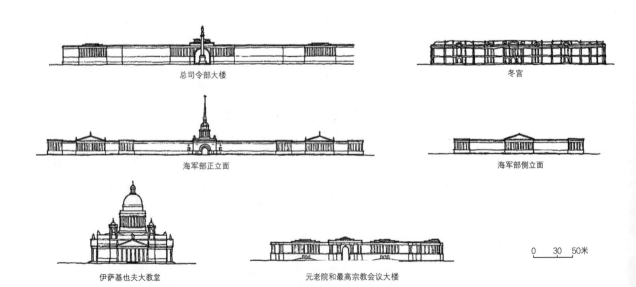

总司令部大楼　　　　　　　冬宫

海军部正立面　　　　　　海军部侧立面

伊萨基也夫大教堂　　　元老院和最高宗教会议大楼

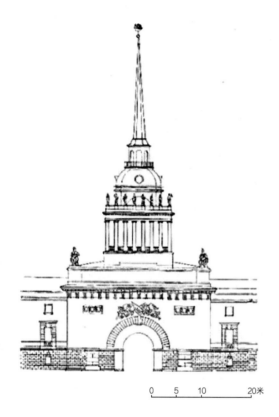

图6-5d 圣彼得堡海军部立面
（局部）
资料来源：Под Общеи Редакцией
Б. П. Михайлова, М. И. Рзянина
и Г. А. Шемякина. Вопросы Теории
Архитектурной Композиции
1.Москва，1955

图6-5e 圣彼得堡总司令部和亚
历山大洛夫柱建筑立面
资料来源：Бунин А.В. История
Градостроительного Искусства.
Том Первый. Москва，1953

条放射路汇合在这里。其中涅瓦大街（Невский Проспект）是一条主要干道，也是当时由彼得堡去莫斯科的主要道路。广场群的伊萨基也夫大教堂的金色圆顶和海军部大厦的尖塔是城市的两个重要制高点。因此，广场群也是整个城市的建筑艺术中心。

　　19世纪圣彼得堡海军部广场由于绿地的布置出现了一条与近卫骑兵马术练习所有一定关系的长轴。而宫廷广场在罗西[5]改建以前，有的只是冬宫本身的轴线，并没有广场的轴线，广场很不完整。罗西在改建总司令部大楼时使大楼的中轴线与冬宫的轴线一致，于是宫廷广场的主轴便形成了，广场变得严谨、庄重。亚历山大洛夫柱的建立又大大加强了这条轴线，更加突出了冬宫和总司令部大楼；而且还使广场获得了一条次轴。正是这条次轴与海军部广场的长轴相重合，取得了与海

5 意大利建筑师卡罗·罗西（Carlo Rossi）是参与圣彼得堡建设的重要建筑师之一，他在圣彼得堡留下了诸多古典主义建筑作品，如1829—1834年建设的参议院和议会大厦、1819—1825年的米哈伊尔宫及其门前的艺术广场。

军部广场的联系；通过这条轴线马术练习所也与元老院广场取得了联系。

伊萨基也夫广场上的尼古拉一世雕像设在几条轴线的交点上，把原来几幢分散的大楼的轴线组织成了广场的轴线，加强了马林官、两个部的大楼和伊萨基也夫大教堂之间的联系，有助于广场空间的形成。尼古拉一世雕像的设立，也加强了马伊欧罗夫大街的纵轴，使伊萨基也夫广场取得了与海军部尖塔的联系。

在亚历山大洛夫柱设置以前，宫廷广场上冬宫和总司令部大楼的高度与广场宽度之比分别为1：9和1：10，显得比较空旷。而亚历山大洛夫柱在冬宫和总司令部大楼之间的建立大大改善了空间的面貌，从拱门入口和从冬宫入口看柱子，视角都在最适宜的范围之内（图6-6a～图6-6c）。

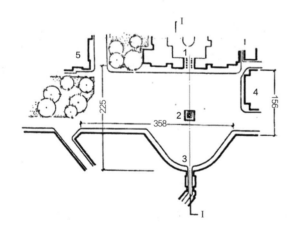

1—冬宫；
2—亚历山大洛夫柱；
3—总司今部；
4—近卫军司令部；
5—海军部

图6-6a 圣彼得堡冬宫广场
资料来源：Баранов Н.В. Современное Градостроителъств.о.Москва，1962
注：图中数字单位为"米"

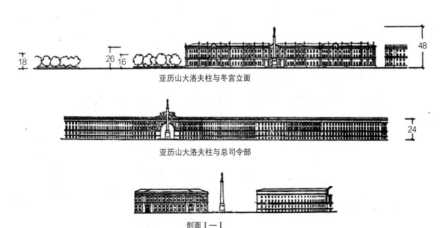

亚历山大洛夫柱与冬宫立面

亚历山大洛夫柱与总司令部

剖面Ⅰ—Ⅰ

图6-6b 圣彼得堡冬宫广场立面
资料来源：Баранов Н.В. Современное Градостроителъств.о.Москва，1962
注：图中数字单位为"米"

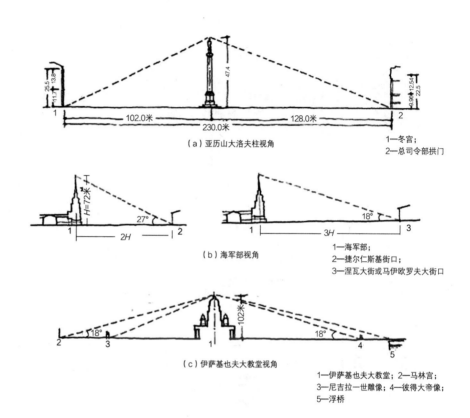

（a）亚历山大洛夫柱视角

1—冬宫；
2—总司令部拱门

（b）海军部视角

1—海军部；
2—捷尔仁斯基街口；
3—涅瓦大街或马伊欧罗夫大街口

（c）伊萨基也夫大教堂视角

1—伊萨基也夫大教堂；2—马林宫；
3—尼吉拉一世雕像；4—彼得大帝像；
5—浮桥

图6-6c　圣彼得堡中心广场视角

三、涅瓦大街

涅瓦大街是圣彼得堡的主要街道（图6-7a、图6-7b），建于1710年，全长约4.5公里、宽25～60米，从涅瓦河畔的海军部一直延伸到亚历山大·涅夫斯基修道院（Свято-Троицкая Александро-Невская лавра，Alexander Nevsky Lavra），跨过莫伊卡河（Мойка）、格利巴耶多夫运河（Griboyedov Canal）以及喷泉河。涅瓦大街是圣彼得堡海军部前三条放射形道路之一。

涅瓦大街建筑整齐，这里的建筑不能超过冬宫的高度。大街的主要部分集中在涅瓦大街的西段，从海军部到阿尼奇科大桥（Аничков мост）。

喀山教堂（Казанский собор，图6-7c）是涅瓦大街的主要建筑之一。

米哈伊尔宫（Михайловский дворец，今俄罗斯博物馆）是涅瓦大街横向的主要对景之一，可以通过米哈伊尔街从涅瓦大街通向米哈伊尔宫及其前面的米哈伊尔广场（今艺术广场，图6-7d）。

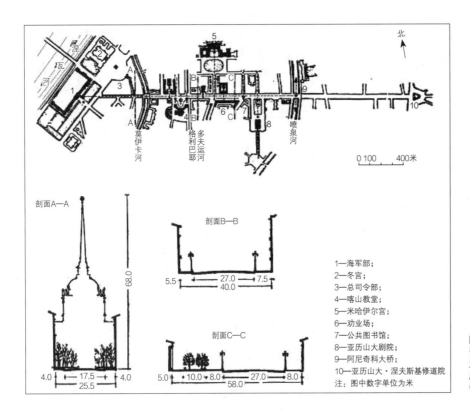

图6-7a　圣彼得堡涅瓦大街
资料来源：沈玉麟．外国城市建设
史·第十二章近代资本主义城市的
产生和欧洲旧城市的改建．北京：
中国建筑工业出版社，1989

1—海军部；
2—冬宫；
3—总司令部；
4—喀山教堂；
5—米哈伊尔宫；
6—劝业场；
7—公共图书馆；
8—亚历山大剧院；
9—阿尼奇科大桥；
10—亚历山大·涅夫斯基修道院
注：图中数字单位为米

图6-7b　涅瓦大街
资料来源：网络

喀山教堂

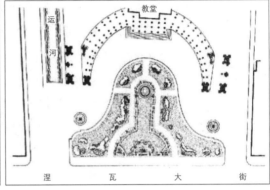

喀山教堂前广场

图6-7c　喀山教堂
资料来源：Академия Архитектуры
СССР Ленинградский Филиал.
Вопросы Планировки и Застроики
Ленинграда.Гасударственное
Издательство Литературы по
Строительству и Архитектуре，
1955

上　俄罗斯博物馆（米哈伊尔宫）
下　艺术广场（米哈伊尔广场）

图6-7d　米哈伊尔广场
资料来源：阿尔贝迪丽，等．圣
彼得堡历史与建筑．圣彼得堡：
《美丽城市》出版社，2005；
米哈伊尔广场：Академия
Архитектуры СССР Ленинградский
Филиал.Вопросы Планировки
и Застроики Ленинграда.
Гасударственное Издательство
Литературы по Строительству и
Архитектуре，1955

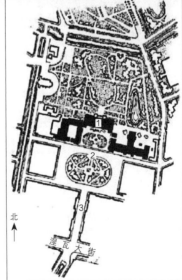

1—俄罗斯博物馆；
2—艺术广场；
3—米哈伊尔街

另一个横向的主要对景是亚历山大剧院（Александринский Театр）。亚历山大剧院曾名"普希金剧院"。剧院前广场内于1873年竖立了叶凯捷琳娜二世（Екатерина Ⅱ Алексеевна，1729—1796年）的雕像。广场于1923年被命名为"奥斯特洛夫广场"（Площадь Островского，图6-7e），以纪念伟大的剧作家奥斯特洛夫。剧院南是由罗西设计建造的剧院街。而广场北、隔涅瓦大街则是小花园街。小花园街、奥斯特洛夫广场、亚历山大剧院和剧院街由一条轴线串联成一个空间序列（图6-7f）。

左　亚历山大剧院
下　奥斯特洛夫广场

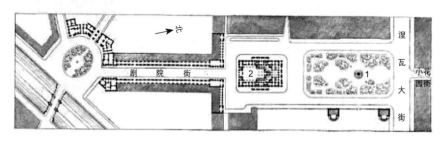

10　　0　　10　　20米

1—叶凯捷琳娜二世雕像；
2—亚历山大剧院

图6-7e　奥斯特洛夫广场
资料来源：Баранов Н.В. Композиция центра города.Москва，1964

图6-7f　小花园街—亚
历山大剧院
资料来源：阿尔贝迪丽，
等. 圣彼得堡历史与建
筑. 圣彼得堡:《美丽城
市》出版社，2005

第四节
克拉科夫

克拉科夫（Cracow，图6-8a）
1320—1609年为波兰首都，18世纪瑞典
人入侵后逐渐衰落。

克拉科夫的市中心——中央集市广
场（Market Square）是全欧洲中世纪
最大的广场之一，建于1257年，占地
4公顷。广场正中是纺织会馆（Cloth
Hall），14世纪重建，当时商人们在此经
营各种布料。

市政厅钟楼（Town Hall Tower,
图6-8b）建于13世纪末，1820年因开
辟广场老市政厅被拆除，钟楼部分被保
留，如今它是克拉科夫历史博物馆的一个分馆。

克拉克夫圣母圣殿（Bazylika Mariacka），又称"圣玛丽教堂"，位于中央
集市广场东北角，始建于1355年，到16世纪初才有今日所见的规模，教堂有两
座高低不同的钟楼。

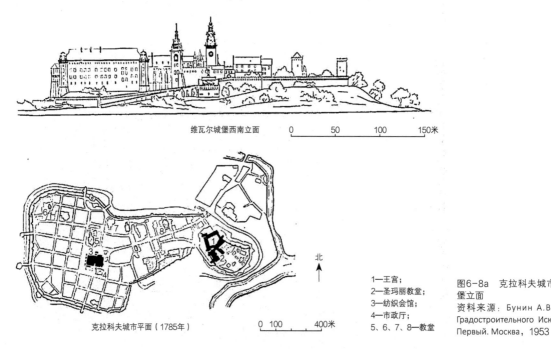

维瓦尔城堡西南立面　　0　　50　　100　　150米

克拉科夫城市平面（1785年）　　0　100　　400米

北

1—王宫；
2—圣玛丽教堂；
3—纺织会馆；
4—市政厅；
5、6、7、8—教堂

图6-8a　克拉科夫城市平面和城
堡立面
资料来源：Бунин А.В. История
Градостроительного Искусства. Том
Первый. Москва，1953

　　瓦维尔城堡（Wawel Castle，图6-8c）位于维斯瓦河（Vistula）畔的半山上，可以俯视整个克拉科夫城。城堡建成于12世纪，16世纪被大火焚毁，后来以文艺复兴风格重建，成为波兰最大的古迹群。瓦维尔城堡在历史上曾长期是波兰王室的住所。瓦维尔主教座堂是波兰的国家圣殿，波兰历代君主在此举行加冕仪式，14世纪以后的波兰历代君主、波兰许多著名人物也都长眠于此。

　　城堡、教堂、钟楼等构成了城市丰富的轮廓线（图6-8d）。

图6-8b　克拉科夫市政厅钟楼（左上）
资料来源：Бунин А.В. История Градостроительного Искусства. Том Первый. Москва，1953

图6-8c　克拉科夫瓦维尔城堡（左下）
资料来源：网络

图6-8d　克拉科夫城市轮廓线（右上）
资料来源：笔者摄

第七章

儒家文化圈和伊斯兰教文化圈

一般认为，全球有三大文化圈，即基督教文化圈（Christian Culture）、伊斯兰教文化圈（Islamic Cultural Circle）和儒家文化圈（Sinosphere）。基督教文化圈主要分布在欧洲、美洲、大洋洲等地，伊斯兰文化圈主要分布在亚洲西部、南部和北非等地，儒家文化圈主要分布在东亚。儒家文化圈又称"汉字文化圈"或"东亚文化圈"，是指历史上受中国及中华文化影响、使用汉字作为书面语、受中华法系影响的东亚及东南亚部分地区的文化地域。东亚文化圈的基本要素为汉字、中国式律令制度与农工技艺、道教、中国化佛教（汉传佛教）。

第一节 仿唐城市建筑

一、平城京

日本在奈良时代（710—784年，一说结束于794年）与中国交流密切，日本天皇认为大唐的繁荣是因为其强大的都城，于是下令建造了最初的大都城——平城京。

平城京为日本奈良时代的京城，地处今奈良市西郊。和铜三年（710年），元明天皇迁都于此。784年，桓武天皇迁都奈良市西边的长冈京，在这70多年中，平城京是日本的国都，而这一时代也被称为"奈良时代"。

日本奈良时代的平城京是仿隋唐长安城和隋唐洛阳城建造而成（图7-1）。东西约4.2公里（32町），南北约4.7公里（36町）。在这个矩形的城内，不论东西南北，每隔4町就有大路相通，犹如棋盘一样。

城北的正中，有向南占地8町见方的"大内里"（平城宫），皇宫和役所就在其中。此外，城中还有贵族和役人的住所、大寺院、庶民住的茅草房和稻田。都城设有东、西两个市场。全盛时期城中人口数量估计有20万）。

平城京内有唐招提寺，是著名古寺院。唐代高僧鉴真（688—763年）第6次东渡日本后，于天平宝字三年（759年）开始建造，大约于770年竣工。寺院大门上红色横额"唐招提寺"是日本孝谦女皇仿王羲之、王献之的字体所书。

二、平安京

平安京，日本京都的古称，是日本在延历十三年（794年）桓武天皇从旧都长冈京迁都后，至明治天皇迁都东京（1868年）前的首都，位于现在京都府京都市中心地区。

平安京寓意"和平与安定之都"，由桓武天皇效仿隋唐长安和洛阳建设（图7-2）。建筑群呈长方形排列，朱雀路为轴，贯通南北，东西分为左京、右京二京，中间为皇宫，正面是罗生门，宫城之外为皇城，皇城之外为都城。城内

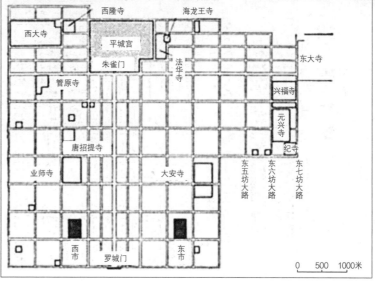

图7-1　平城京
资料来源：网络

上　鸟瞰
左　平面

街道呈棋盘形，东西、南北纵横，布局整齐划一，明确划分皇宫、官府、居民区和商业区，神宫坐落于北方，街道以直角交会。

　　平安京南北长约5.2公里，东西长约4.5公里，面积约23.4平方公里。东西向大路宽24～30米，南北向大路宽36米。宫城前大路宽50米，朱雀大街宽85米。

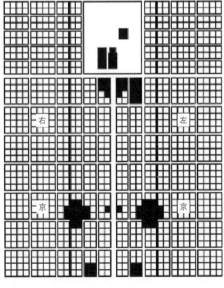

上　鸟瞰
左　平面

图7-2　平安京
资料来源：网络

波斯文明

第二节

古代中华、波斯、印度文明交汇于中亚地区。"丝绸之路"贯穿着整个中亚地区，沟通欧亚大陆两端的同时，也给这里带来了繁荣的商业。

波斯的历史源远流长。公元前2000年左右，发源于中亚和伊朗高原的古波斯人，分布在东至中国的河西走廊、南达印度次大陆（The South Asian Subcontinent，即"南亚次大陆"）、西到里海（Caspian Sea）的广大区域内。他们有很多分支，比如粟特人（Sogdian）、乌孙人（Uysun）等。

一、撒马尔罕列吉斯坦广场

乌兹别克斯坦撒马尔罕（Samarqand）是中亚最古老的城市之一，关于它的记载最早可以追溯到公元前5世纪，善于经商的粟特人把撒马尔罕建造成一座美轮美奂的都城。

撒马尔罕市中心的列吉斯坦[1]广场（Registan Square）建于15—17世纪（图7-3a～图7-3c）。围合广场的建筑群由三座神学院组成：左侧为兀鲁伯[2]神学院（Urugbek Medressa），建于1417—1420年；正面为提拉·卡里神学院（Tilya-Kori Madrasah，意为"镶金的"），建于1646—1660年；右侧为谢尔·达尔神学院（意为"藏狮的"），建于1619—1636年。这三座建筑高大壮观、气势宏伟，内有金碧辉煌的清真寺。兀鲁伯神学院的正门和彩色的穹顶曾遭地震破坏，后重新修建了高13米、直径13米的新穹顶。这些神学院是中世纪培养穆斯林神职人员的学府。其中兀鲁伯神学院是15世纪最好的穆斯林学府之一。三座神学院建于不同时代，但风格融洽，组合得很成功，是中世纪中亚建筑的杰作。

1 斯坦是一个地名stan或stein音译的后缀，源于古波斯语，意为"……之地"。Registan，意为"沙地"。
2 兀鲁伯，突厥化的蒙古贵族帖木儿之孙，为乌兹别克斯坦中世纪的大学者、天文学家、诗人和哲学家。

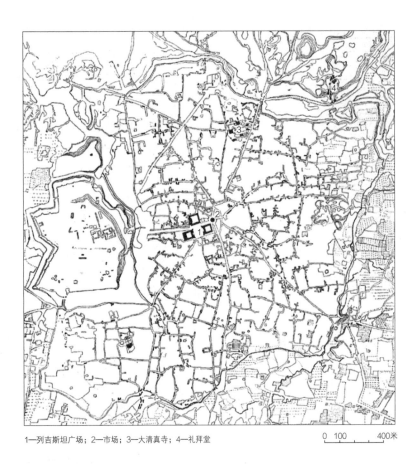

1—列吉斯坦广场；2—市场；3—大清真寺；4—礼拜堂

0 100 400米

图7-3a　撒马尔罕平面
资料来源：Бунин А.В. История
Градостроительного Искусства. Том
Первый. Москва，1953

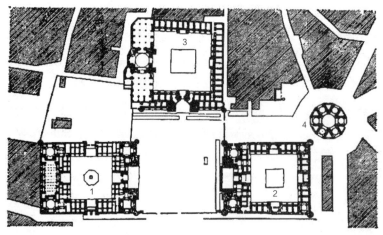

1—兀鲁伯神学院；
2—谢尔·达尔神学院；
3—提拉·卡里神学院；
4—市场

0 10 20 30　50米

图7-3b　撒马尔罕列吉斯坦广场
平面
资料来源：沈玉麟. 外国城市建设
史·第九章阿拉伯国家与其他伊斯
兰教国家以及印度、日本的中世纪
封建城市. 北京：中国建筑工业出
版社，1989

图7-3c 撒马尔罕列吉斯
坦广场
资料来源：网络

二、伊斯法罕

伊斯法罕（Esfahan）是伊朗最古老的城市之一（图7-4a～图7-4e），位于约旦河（Jordan river）北岸。公元前6世纪中叶成为古代波斯帝国的一个大城市。公元前330年在马其顿王国军队入侵时和640年阿拉伯帝国占据时，伊斯法罕均遭受毁坏。伊斯法罕于903年重建。1051—1118年塞尔柱帝国（Seljuq Empire）时，该城曾为首都。1387年被帖木儿（Timur，1336—1405年）攻占。1453年，伊斯法罕再次重建。萨法维王朝（Safavid Dynasty）时期（1501—1736年），该城商贾云集，宾客汇聚，市内多数建筑物和清真寺都是这时建造的。伊朗有"伊斯法罕半天下"之说，可见该市当时的繁荣景象和深远影响。

（一）"巴扎"

伊斯法罕的"巴扎"长达4公里，在伊玛姆广场的北侧和东侧，其历史可追溯至公元750年。"巴扎"（Bazaar），即传统的经商场所，包括商业街、商场、驿馆等。商业街曲折有致，排列着连续不断的正方形空间。这些空间上方是有采光孔的穹顶。十字路口则扩展成大商场，正中覆盖大穹顶，周围是方形的或八角形的环廊，用小穹顶连续覆盖。巴扎为顾客提供了充满历史印记的喧闹市场，更是城市会客厅，延续着千百年来的丰富生活。

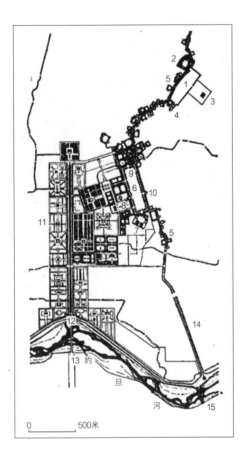

1—老广场；
2—周五清真寺；
3—宫殿；
4—阿里清真寺；
5—巴扎（市场）；
6—皇家广场；
7—伊玛姆清真寺；
8—阿里加普宫；
9—巴扎入口；
10—雪克鲁夫塔拉清真寺；
11—大臣花园；
12—主要大街；
13—廊桥；
14—次要街道；
15—廊桥

图7-4a　伊斯法罕平面（局部）
资料来源：沈玉麟．外国城市建设史·第九章阿拉伯国家与其他伊斯兰教国家以及印度、日本的中世纪封建城市．北京：中国建筑工业出版社，1989

图7-4b　伊斯法罕鸟瞰
资料来源：刘洋、王冲，《庭院与街道：作为城市骨架的伊斯法罕巴扎》

图7-4c 伊斯法罕伊玛姆广场
资料来源：网络

图7-4d 伊斯法罕伊玛姆清真寺
资料来源：网络

图7-4e 伊斯法罕巴扎
资料来源：刘洋、王冲，《庭院与街道：作为城市骨架的伊斯法罕巴扎》

（二）伊玛姆广场

伊玛姆广场（Imam Square，Naghsh-i Jahan Square）即萨法维帝国皇家广场，是伊斯法罕的中心。伊玛姆广场长510米，宽165米，面积超过80000平方米，始建于1612年，当时是马球场。

伊玛姆清真寺（Imam Mosque）位于广场的南端，始建于1612年，1630年竣工，占地面积17000平方米，是伊斯法罕最大的双层（层距15米）拱顶清真寺。

阿里加普宫（Ali Qapu）位于伊玛姆广场西侧，6层建筑，建于17世纪初，是萨法维王朝的皇帝们用来招待外国使节的宫殿，看台是皇帝和王室客人观看马球和焰火以及检阅军队的地方。宫殿有3个穹顶。

第三节　浮屠

浮屠（Buddha），又作浮头、浮图、佛图，为梵文Buddha的音译，同佛陀，即窣堵坡、印度塔、舍利塔、佛或佛塔（图7-5）。浮屠是古代佛教特有的建筑类型之一，主要用于供奉和安置佛祖及圣僧的遗骨（舍利）、经文和法物，外形是一座圆冢的样子，公元前3世纪时流行于印度孔雀王朝，是当时重要的建筑。

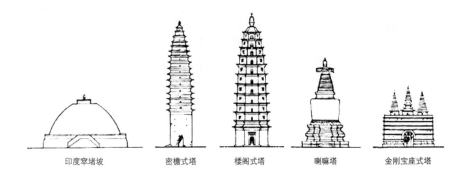

印度窣堵坡　　密檐式塔　　楼阁式塔　　喇嘛塔　　金刚宝座式塔　　　　图7-5　佛塔形式

一、吴哥窟

柬埔寨古称"高棉"，早在公元1世纪就建立了统一的王国。9—14世纪的吴哥王朝（Dynasty of Angkor，802—1431年），为柬埔寨历史上最辉煌的时代。

吴哥窟（Angkor Wat）又称"吴哥寺"，被称作柬埔寨国宝，是世界上最大的庙宇之一。

12世纪中叶，今柬埔寨境内的中南半岛古国真腊（Kmir）国王苏耶跋摩二世（Suryavarman Ⅱ，1112—1150年在位）定都吴哥。苏耶跋摩二世信奉毗湿奴（Vishnu）。为国王加冕的婆罗门主祭司地婆诃罗为国王设计了这座国庙，供奉毗湿奴，名之为Vrah Vishnulok，意思为"毗湿奴的神殿"。为此，举全国之力，花了大约35年才建成。一些学者认为，吴哥窟是苏耶跋摩二世的皇陵。

1431年，暹罗（Siam，今泰国）破真腊国都吴哥，真腊迁都金边。次年，吴哥窟被遗弃，因森林逐渐覆盖而变得漫无人烟，直到1861年被发现[3]。

吴哥窟（图7-6a ~图7-6e）的护城河东西方向长1500米，南北方向长1350米，河面宽190米。护城河外岸有砂岩矮围栏围绕。护城河上正西、正东各有一堤通吴哥窟西门、东门。东堤是一道土堤；西堤长200米，宽12米，上铺砂岩版，古时西堤是裹金的。护城河内岸留开一道30米宽的空地，围绕吴哥窟的红土石长方围墙。围墙东西方向长1025米，南北方向阔802米，高4.5米。围墙正

图7-6a　吴哥窟全景
资料来源：网络

图7-6b　吴哥窟
资料来源：笔者摄

3 1861年1月，法国生物学家亨利·穆奥（Henri Mouhot，1826—1861年）为寻找热带动物，无意间在原始森林中发现惊人的古庙遗迹，著书《暹罗柬埔寨老挝诸王国旅行记》说："此地庙宇之宏伟，远胜古希腊、罗马遗留给我们的一切"。

面中段是230米长的柱廊，中间竖立三座塔门。正中的一座塔门，是吴哥窟的山门，它和左右两塔门有二重檐双排石柱画廊连通。各塔门都有纵通道、横通道，交叉成十字形，纵通道出入寺院，横通道为游览画廊。此三座塔门的纵通道特别宽阔，可容大象通过，又名"象门"。三座塔门的顶部塔冠，像一个山字形，和吴哥窟顶层正面看的三座宝塔相呼应。围墙的其他三面的塔门较小和简单。

图7-6c 吴哥窟鸟瞰
资料来源：网络

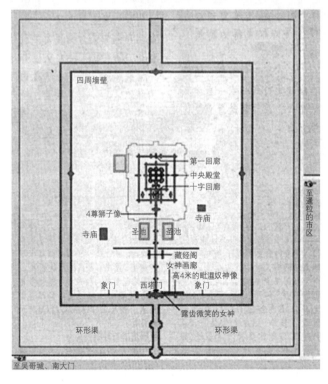

图7-6d 吴哥窟总平面
资料来源：网络

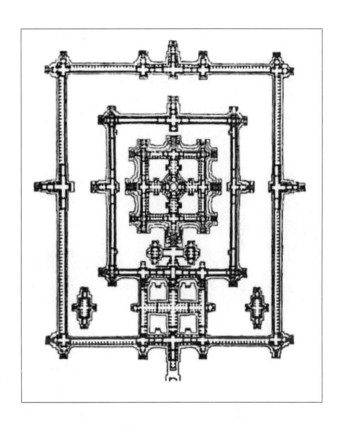

图7-6e　吴哥窟中央平面
资料来源：网络

　　由寺庙围墙西塔门通寺庙西山门的大路，宽9.5米，长约350米，高出地面1.5米，路面用砂岩石片铺砌。路南、北各有一座名为藏经阁的建筑物。

二、婆罗浮屠

　　婆罗浮屠（Borobudur）位于印度尼西亚日惹（Yogyakarta）附近，大约建于公元750—850年，由当时统治爪哇岛（Java Island）的夏连特拉王朝（Shailendra Dynasty）统治者兴建。"婆罗浮屠"这个名字很可能来自梵语"Vihara Buddha Ur"，意思就是"山顶的佛寺"。

　　婆罗浮屠是作为一整座大佛塔建造的。整个建筑分为3层，基座是5个同心方台，呈角锥体；中间是3个圆形平台，呈圆锥体；顶端是佛塔；总面积2500平方米。围绕着圆形平台有72座透雕细工的印度塔，内有佛龛，每个佛龛供奉一尊佛像。整座佛寺有2672块浮雕，504座佛像。沿着回廊的墙都是刻有佛经的浮雕。从第一层到第四层，一共有1460块之多，雕刻了超过10000个人物画像，其中描述了释迦牟尼经历过的无尽苦难。

　　婆罗浮屠是世界上最大的佛教寺庙之一，这座60000立方米的石头建筑高34.5米，基座尺寸为123米见方（图7-7a、图7-7b）。

婆罗浮屠剖面和建筑比例
印度尼西亚　中爪哇

上　全景
下左　剖面
下右　鸟瞰

图7-7a　婆罗浮屠
资料来源：网络

图7-7b　婆罗浮屠佛像
资料来源：网络

吠陀文明 第四节

远古在中亚地区曾有一个自称"雅利阿"（Arya）的部落集团，从事畜牧，擅长骑射，有父系氏族组织，崇拜多神。

雅利安人（Aryans）于公元前1500—前700年进入印度（India），带来了新文化体系——吠陀文化（Vedic culture）。

"吠陀"的意思是"知识""启示"。"吠陀"用古梵文写成，是印度宗教、哲学及文学之基础。印度的古典文明就是从早期吠陀文明发展而来的。早期吠陀时代，雅利安民族正处于军事民主制时期。约公元前2000年，居住在里海以及中亚草原的一些游牧民族开始移民，一支向西南进入伊朗高原（Iran Plateau），旋即又闯入两河流域和意大利地区及埃及。东南的一支则穿过伊朗、阿富汗、兴都库什山（Hindu kush Mountains）抵达印度河河谷地区。这些人自称为"雅利安人"，意即"高贵之人"。

印度河流域上古文明的城市哈拉巴（Harappa）与摩亨约达罗等地的古迹，也被称为"哈拉巴文明"（Harappa Civilization）。

达罗毗荼人（Dravidian Peoples）[4]与哈拉巴文明有关。雅利安人来到后，达罗毗荼人被赶到次大陆南部，建立安度罗、潘地亚、朱罗、哲罗等王国，创造了高度发达的文化。

一、摩亨约达罗城

摩亨约达罗城（图7-8a、图7-8b），又称"死亡之丘"（Mound of the Dead），是印度河流域文明的重要城市，大约于公元前2600年建成，位于今巴基斯坦信德省的拉尔卡纳县南部。摩亨约达罗城被认为是由古印度的雅利安人入侵之前达罗毗荼人所缔造的都市文明。

4 早在公元前3000年之前，印度河流域就有了居民，称为"达罗毗荼人"。达罗毗荼人利用良好的自然条件，产生了发达的农业和手工业，并创建了辉煌的文明。古时雅利安人进入印度后把达罗毗荼人从印度西部和北部赶到印度南方，达罗毗荼人成了南印度的原始居民。

摩亨约达罗城经过规划，面积约为7.77平方公里。城市分上、下两部分。上城住着祭司和贵族，面向西郊，坐落在一个椭圆形的山冈上。上面有长11.9米、宽7米、深1.9米的大浴池，有回廊和带有柱子的大厅，还有一座约建于公元2世纪、高15米的佛塔。周围还建有防御工事。下城离上城约1公里，是市民居住区，房屋和店铺绵延1.6公里，面临印度河。沿河筑有堤岸，宽而笔直的街道把城市分成大大小小的正方形街区，房屋有两三层，并设有下水道系统。这里还建有密砖铺地且有通风管道的谷物贮藏仓库，规模颇大。

摩亨约达罗城主要的干道顺主导风向为南北向，宽达10米，东西向为次干道，形成方格网的街道网。每个街区长约336米、宽约275米。较大的住宅用红砖砌筑，屋顶是平的，下水道砖砌而成。道路转角处作圆弧处理。

图7-8a　摩亨约达罗城
资料来源：网络

图7-8b　摩亨约达罗城平面
资料来源：网络

二、泰姬陵

泰姬陵（Taj Mahal）位于今印度北方邦的阿格拉（Agra）城内，恒河最长的支流亚穆纳河（Yamuna）右侧。

阿格拉在1566—1658年曾为莫卧儿帝国的首都，建有宏伟的贾汗吉尔·玛哈尔宫和亚穆纳河湾头的碉堡。泰姬陵是印度莫卧儿帝国的皇帝沙·贾汗为悼念亡妃梅达兹·玛哈尔（Mumtaz Mahal）所建的陵墓，始建于1631年，1653年竣工，历时22年，全部建筑用白色大理石铺砌，以和谐匀称、庄严肃穆驰名于世。

　　泰姬陵（图7-9a ～图7-9e）整个陵园呈长方形，南北长580米，东西宽305米，总面积17万平方米。四周被一道不高的红砂石墙围绕。正中央是陵寝，在陵寝东西两侧建有清真寺和答辩厅。这两座式样相同的建筑对称均衡，左右呼应。陵墓连同台基与塔的高度约75米，陵的四方各有一座尖塔，高达40米，内有50层阶梯，是专供穆斯林阿訇拾级登高的。大门与陵墓由一条宽阔笔直的用红石铺成的甬道相连接，左右两边对称，布局工整。甬道两边是人行道，人行道中间修建了一个"十"字形喷泉水池。

图7-9a　泰姬陵
资料来源：笔者摄

图7-9b　由亚穆纳河看泰姬陵
资料来源：网络

陵园分为两个庭院：在主要的庭院前有一个较小的前院。庭院古树参天，奇花异草，芳香扑鼻，开阔而幽雅。绿树蓝天，映衬着高大的白色陵寝。

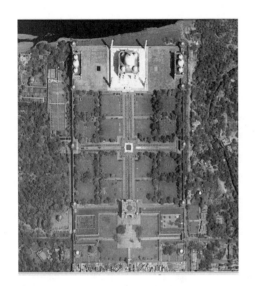
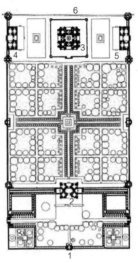
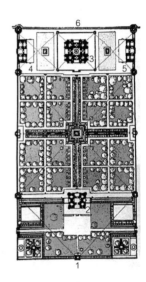

1—前门；
2—二道门；
3—陵墓；
4—清真寺；
5—答辩厅；
6—亚穆纳河

图7-9c 泰姬陵陵园平面
资料来源：网络

图7-9d 泰姬陵陵园
资料来源：网络

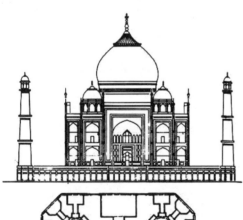
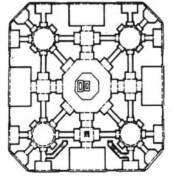

图7-9e 泰姬陵立面、平面
资料来源：网络

阿拉伯

第五节

"阿拉伯"（Arabs）一词最早出现于公元前9世纪。欧洲人称之为"萨拉森人"（Saracen），主要分布在西亚和北非，占这些国家居民的大多数。

阿拉伯人是以阿拉伯语为母语的民族。在伊斯兰教和阿拉伯语广为传播以前，阿拉伯人系指阿拉伯半岛上以游牧为生的闪米特人（Semitic）。近代则包括从非洲西部摩洛哥到伊朗西南的沼泽地带讲阿拉伯语的诸民族，其范围包括北非马格里布（Maghreb）全部、阿拉伯半岛以及中东等广大地区。

阿拉伯人的民族来源可以上溯到远古的闪米特人部落，他们认为自己是伊实玛利（Ishmael）的后代。伊实玛利是亚伯拉罕（Abraham）的儿子。伊斯兰教鼻祖穆罕默德（Muhammad，约公元570—632年）自称是伊实玛利的后裔。

7世纪初，伊斯兰教兴起后，各阿拉伯部落在伊斯兰教旗帜下完成统一后迅速向外扩张。8世纪中叶建立起东自印度河，西至大西洋，横跨亚、非、欧三洲的阿拉伯帝国（中国史称"大食"）。

阿拉伯帝国之后，中东和北非地区的居民接受了伊斯兰教和阿拉伯语，形成一个以伊斯兰教和阿拉伯语为纽带的语言文化群体。

一、恰塔尔·休于

土耳其的恰塔尔·休于（Tatal Hüyük，图7-10）位于土耳其科尼亚（Konya）城东南约52公里处，距今已存在8000年之久。遗址长约600米、宽约350米，这座城里有1000多座土砖砌的房屋，人口数量超过6000。城中房屋规格统一，由一间起居室和几个附属房间组成，彼此有低矮的门洞相通。屋内有木梯和炉灶以及放燃料的柜子，另有平台和长凳以供坐卧。房屋之间都紧紧地挨着，排得密密麻麻，以致城里不需要街道，房顶就可以用作通道。房屋的底层没有门窗，只在二楼开个小门，住户从木梯由底层上二楼。这样安排可能是为了抵御水灾，也有可能是为了自卫，出入的梯子收起来后，各个房间自成防御

图7-10　恰塔尔·休于遗迹
资料来源：网络

体系，并共同构成一个大的防御体。房屋室内面积都不大，不少人家的墙壁上有装饰壁画、灰泥浮雕和兽头（主要是牛头）。恰塔尔·休于没有城墙和其他公共设施，严格说来它只是个大居民点，还算不上真正的城市。

二、耶利哥

耶利哥（图7-11a、图7-11b）位于今巴勒斯坦境内约旦河河谷的西边，低于海平面约250米，是世界海拔最低的城市。城邑被城墙围绕，占地3.5公顷。这里的石墙、城楼和用泥砖砌成的房屋，年代可追溯到公元前8350年至公元前7370年。

耶利哥的地理位置极佳，附近有源自约旦河的一汪清泉。这座城有坚固的石砌城墙，城墙外的一条大沟类似护城壕。城内建有一座直径10米、高9米的圆锥形塔楼，楼内有阶梯直通顶端。城内以木柱支撑的泥砖房子皆为泥抹地面，半圆顶，没有窗户，房间一般都低于地面。可能是出于祖先崇拜，当地居民雕刻了数量众多的塑像和头像。

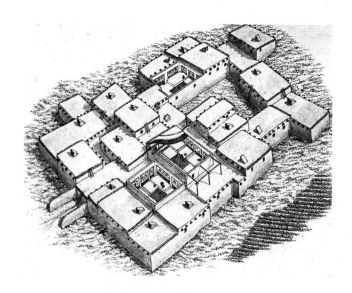

图7-11a　耶利哥
资料来源：网络

图7-11b　耶利哥遗迹
资料来源：网络

第八章

欧洲中世纪和文艺复兴

中世纪（The Middle Ages），指从公元5世纪后期到15世纪中期，是欧洲历史三大传统划分（古典时代、中世纪、近现代）的一个中间时期。中世纪始于公元476年西罗马帝国的灭亡，终于1453年东罗马帝国的灭亡，最终融入文艺复兴运动。

中世纪的欧洲没有一个强有力的政权来统治。封建割据带来频繁的战争，造成科技和生产力发展停滞，人民生活在毫无希望的痛苦中，中世纪或者中世纪的早期在欧美普遍称作"黑暗时代"，传统上认为这是欧洲文明史上发展比较缓慢的时期。

文艺复兴（Renaissance）是指发生在14—16世纪的一场反映新兴资产阶级要求的欧洲思想文化运动。

在14世纪城市经济繁荣的意大利，最先出现了对天主教文化的反抗。当时意大利的市民和世俗知识分子，一方面极度厌恶天主教的神权地位及其虚伪的禁欲主义，另一方面由于没有成熟的文化体系取代天主教文化，于是他们借助复兴古希腊、古罗马文化的形式来表达自己的文化主张，实际上是资产阶级反封建的新文化运动。一般认为，文艺在希腊、罗马古典时代曾高度繁荣，但在中世纪"黑暗时代"却衰败湮没，直到14世纪后才获得"再生"与"复兴"，因此称为"文艺复兴"。

文艺复兴时期源于13世纪晚期的意大利佛罗伦萨，特别是在但丁（Dante Alighieri，1265—1321年）、彼特拉克（Francesco Petrarca，1304—1374年）的著作以及乔托（Giotto di Bondone，1267—1337年）的绘画诞生的时代。

基于对中世纪神权至上的批判和对人文主义的肯定，文艺复兴时期的建筑师希望借助古典的比例来重新塑造理想中古典社会的协调秩序。文艺复兴的建筑讲究秩序和比例，拥有严谨的立面和平面构图以及从古典建筑中继承下来的柱式系统。

第一节　佛罗伦萨——文艺复兴的中心

佛罗伦萨位于意大利阿诺河谷（Arno River）的一块平川上，是托斯卡纳行政区首府，四周丘陵环抱。

佛罗伦萨（图8-1）是意大利文艺复兴的发源地，文艺复兴时期是佛罗伦萨最为辉煌的时刻。15世纪至18世纪中期在欧洲拥有强大势力的名门望族美第奇家族（House of Medici）酷爱艺术，积聚在佛罗伦萨的名人众多，如达·芬奇、但丁、伽利略、拉斐尔、米开朗琪罗、多纳泰罗、乔托、莫迪利阿尼、提香等。艺术家们创造了大量闪耀着文艺复兴时期光芒的建筑、雕塑和绘画作品，佛罗伦萨成了文艺复兴时期艺术、文化和思想的中心。

一、广场与街道

佛罗伦萨有几个广场，通过街道彼此相连，并通向城市的中心（图8-2a ～ 图8-2e）。

图8-1　佛罗伦萨
资料来源：网络

安农齐阿广场（Piazza Annunziata）的中轴线也是广场前街道的轴线，近10米宽的街道斜对着佛罗伦萨大教堂（Florence Cathedral，即"花之圣母大教堂"，Basilica di Santa Maria del Fiore）的穹顶。佛罗伦萨大教堂广场通过卡里扎奥利大街与市政厅广场（即"西格诺利亚广场"，Piazza Signoria）以及乌菲齐大街（Uffizi）联系起来。

图8-2a 佛罗伦萨的广场与街道
资料来源：Luciano Berti. Fiorence The city and its art.Sogema Marzari S.p.A. Schio，1989

图8-2b 佛罗伦萨大教堂周边
资料来源：Luciano Berti. Fiorence The city and its art.Sogema Marzari S.p.A. Schio，1989

图8-2c 佛罗伦萨大教堂——西格诺利亚广场
资料来源：Бунин А.В. История Градостроительного Искусства. Том Первый. Москва，1953

1—安农齐阿广场；
2—教堂广场；
3—西格诺利亚广场；
4—乌菲齐大街；
5—维齐奥桥

1—安农齐阿广场；
2—佛罗伦萨大教堂；
3—西格诺利亚广场；
4—乌菲齐大街；
5—维其奥桥

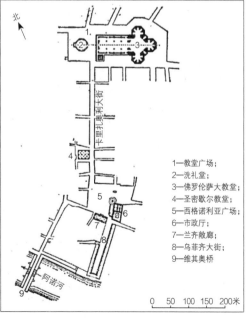

1—教堂广场；
2—洗礼堂；
3—佛罗伦萨大教堂；
4—圣密歇尔教堂；
5—西格诺利亚广场；
6—市政厅；
7—兰齐敞廊；
8—乌菲齐大街；
9—维其奥桥

0 50 100 150 200米

二、西格诺利亚广场

西格诺利亚广场（Piazza Signoria）始建于13—14世纪，因文艺复兴时期的精美建筑和雕塑而被称为意大利最美的广场之一（图8-3a～图8-3d）。

西格诺利亚广场因广场的主要建筑市政厅而得名，又叫"领主广场"，是佛罗伦萨市的中心广场。市政厅曾经是美第奇家族的府邸，称为"旧宫"（Piazzo Vecchio）。市政厅塔楼高达95米，是城市的标志，也是空间形态的控制因素。

整个广场呈L形，有两个互相关联的空间。骑马雕像既分隔了两者，形成两个空间；也联系了两者，使之组成一个整体。转角处有八角形海神喷泉雕像，这个雕像使两个空间有所过渡。

西格诺利亚广场不大，广场是开放式的，周围环绕着旧宫、乌菲齐美术馆（The Uffizi Gallery）、兰齐敞廊（佣兵凉廊）和众多的咖啡厅、酒吧。通过乌菲齐大街可到达阿诺河畔。

图8-2d　乌菲齐大街——西格诺利亚广场（18世纪版画）
资料来源：Luciano Berti. Fiorence The city and its art. Sogema Marzari S.p.A. Schio, 1989

图8-2e　安农齐阿广场与大教堂
资料来源：网络

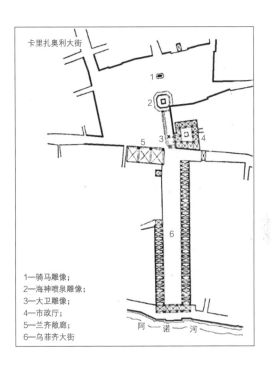

图8-3a　西格诺利亚广场平面
资料来源：沈玉麟. 外国城市建
设史·第十章文艺复兴与巴洛克时
期的城市. 北京：中国建筑工业
出版社，1989

卡里扎奥利大街

1—骑马雕像；
2—海神喷泉雕像；
3—大卫雕像；
4—市政厅；
5—兰齐敞廊；
6—乌菲齐大街

阿——诺——河

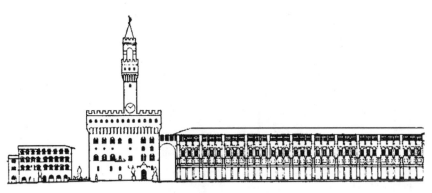

图8-3b　西格诺利亚广场立面
资料来源：沈玉麟. 外国城市建
设史·第十章文艺复兴与巴洛克时
期的城市. 北京：中国建筑工业
出版社，1989

图8-3c　西格诺利亚广场
资料来源：网络

图8-3d　西格诺利亚广场旧貌
资料来源：网络

三、安农齐阿广场

安农齐阿广场是欧洲文艺复兴早期围合最完整的广场之一（图8-4a ～
图8-4c）。

广场长轴的一端是初建于13世纪的安农齐阿教堂（Santissima Annunziata）。
教堂的左侧是伯鲁乃列斯基（Filippo Brunelleschi，1377—1446年）设计的育
婴院，立面是轻快的券廊。后来，阿尔伯蒂（Leon Battista Alberti，1404—
1472年）于1470年将教堂立面改造为7开间的券廊，使其同育婴院的立面一致。
1518年左右，广场的右侧造了一所修道院，立面也同育婴院的。广场中央有一
对喷泉和一座斐迪南大公（Grand Duke Ferdinando）的骑马铜像，强调了中轴
线。中轴线也是广场前一条将近10米宽的街道的轴线，街道斜对着伯鲁乃列斯基

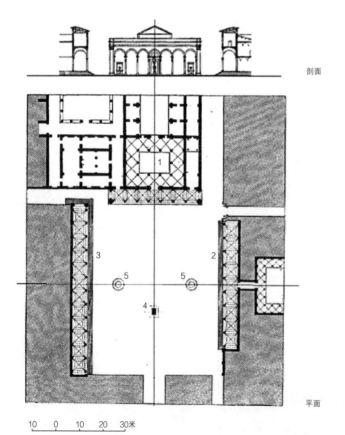

剖面

平面

10　0　10　20　30米

1—安农齐阿教堂；
2—育婴院；
3—修道院；
4—斐迪南大公骑马铜像；
5—喷泉

图8-4a　安农齐阿广场平面、剖
面
资料来源：Бунин А.В. История
Градостроительного Искусства. Том
Первый. Москва，1953

设计的佛罗伦萨大教堂的穹顶，把广场同全城的中心联系了起来。

安农齐阿广场宽约60米、长约73米，三面是开阔的券廊，尺度宜人，风格简约。

图8-4b 安农齐阿广场全景
资料来源：Бунин А.В. История Градостроительного Искусства. Том Первый. Москва，1953

图8-4c 安农齐阿广场
资料来源：网络

四、广场雕塑

佛罗伦萨有文艺复兴时期艺术大师的精美绝伦的广场雕塑（图8-5a ～
图8-5c ）。

（一）大卫与大力神

市政厅大门两侧是大卫与大力神雕像。

1501年8月，米开朗琪罗（Michelangelo Buonarroti，1475—1564年）开始
雕刻《大卫》（David）[1]，1504年6月，《大卫》被放置在佛罗伦萨市政厅入口的
地方。大理石雕像高3.96米，连基座高5.5米，展现了一个年轻有力的男子形象。
《大卫》是文艺复兴人文主义思想的具体体现，它对人体的赞美，标志着人们从
中世纪桎梏中解脱出来，展示了人在改造世界中的巨大力量。

大力神赫拉克勒斯（Heracles）和卡库斯（Cacus）[2]雕像高5.5米。作者是文
艺复兴时期杰出的雕塑家巴乔·班迪内利（Baccio Bandinelli，1493—1560年）。

（二）海神喷泉

海神喷泉为纪念当年托斯卡尼的胜利而建。喷泉池的中心塑立着海神波塞
冬[3]像，四周是上下错落的裸体青铜雕像，姿态各异，衬托了海神雕像。喷泉雕
塑由巴尔托洛米奥·阿曼纳蒂（Bartolomeo Ammannati，1511—1592年）和他
的助手们在1563—1575年完成。

（三）科西摩一世雕像

科西摩一世雕像由斐迪南一世·梅第奇（Ferdinando I de'Medici，1549—
1609年）为纪念他的父亲——第一任托斯卡纳大公科西摩一世（Cosimo I de'
Medici，1519—1574年）而建（图8-5c）。1587年，由当时活跃在佛罗伦萨的著
名雕塑家詹波隆那（Giambologna，1529—1608年）创作。

---

1 大卫（约公元前1107—约前1027年），以色列联合王国第二代国王。约
公元前1000年建立统一的以色列王国，定都耶路撒冷。
2 赫拉克勒斯是希腊神话中半人半神的英雄，是一位能征善战的大力士。
卡库斯是个会喷火的强盗，他乘赫拉克勒斯不备，偷了他的红牛，后被赫
拉克勒斯追上，砍了他的脑袋。
3 波塞冬（Poseidon）是希腊神话中的主神之一，又名涅普顿（Neptune），
是天神宙斯的哥哥，是掌管海洋的神。

上 市政厅入口
左 大卫与大力神

图8-5a 大卫与大力神
资料来源：网络

图8-5b 海神喷泉
资料来源：网络

图8-5c 科西摩一世像
资料来源：网络

五、兰齐敞廊

兰齐敞廊（Loggia dei Lanzi）是佛罗伦萨西格诺利亚广场的主要建筑之一，由本齐·迪乔内（Benci di Cione）和西莫内·托冷蒂（Simone di Francesco Talenti）修建于1376—1382年，用于集会、举行公共仪式，例如行政长官宣誓就职。兰齐敞廊曾为大公科西摩一世的德国雇佣军警卫队的哨所，故又名"佣兵敞廊"（图8-6）。

兰齐敞廊实际上是一座文艺复兴雕塑和艺术的露天美术馆。

在敞廊的台阶上有两尊佛罗伦萨标志——大理石的狮子雕像。右面的一尊源于古罗马时代。而左面的一尊由弗拉米尼·维卡（Flaminio Vacca）雕刻于1598年，最初它安放在罗马的美第奇别墅，1789年迁到这个敞廊。

图8-6　兰齐敞廊
资料来源：网络

　　在圆拱下方，最左面是本韦努托·切利尼（Benvenuto Cellini，1500—1571年）的《雅典王子珀耳修斯杀女妖美杜莎》（*Perseo con la testa di Medusa*）青铜像，创作于1554年，表现了这位希腊神话英雄右手持剑，左手高举美杜莎的首级。其装饰华丽的底座同样是切利尼的作品，上有四尊优雅的青铜小雕像：朱庇特、墨丘利、弥涅耳瓦和达那厄。底座上的浅浮雕表现"珀耳修斯释放仙女"。

　　最右面是法国画家詹波隆那（Giambologna，1529—1608年）的作品——《强掳萨宾妇女》（*The Rape of the Sabine Women*），创作于1583年。这件作品是用一块有瑕疵的白色大理石雕刻，据说，那是运送到佛罗伦萨最大的一块大理石。

　　在它的旁边，是詹波隆那另一件大理石雕塑——《赫拉克勒斯与半人马涅索斯战斗》（*Ercole e il centauro Nesso*，1599年），1841年安放于此处。

　　《强夺波吕克塞娜》（*The Rape of Polyxena*）是一件由雕塑家皮欧·费迪（Pio Fedi，1816—1892年）创作于1865年的雕塑。雕塑用螺旋上升状手法，再现了皮罗斯为祭奠英雄父亲阿喀琉斯，从特洛伊王后的怀里抢夺波吕克塞娜公主。

　　《墨涅拉俄斯扶起帕特罗克洛斯的身体》（*Menelaus Supporting the Body of Patroclus*）是公元前3世纪的希腊雕塑在罗马帝国弗拉维王朝时代（Flavian Era，69—96年）的复制品，出土于罗马。1570年成为美第奇家族的收藏品，1741年开始在佛罗伦萨的佣兵凉廊展出。

　　在敞廊后部是五尊女性大理石雕像，其中三尊可以确定为玛提迪娅（Matidia）、玛西安娜（Marciana）和阿格里皮娜（Agrippina Minor）。

第二节 意大利的教堂和广场

意大利文化的一个显著现象就是遍地的教堂和广场，前者是"上帝居住的地方"，后者是公众活动的场所。而两者往往是结合在一起的。

广场文化是意大利一个非常重要的民俗习惯。意大利人十分健谈，而且特别喜欢到广场上围在一起聊天，一聊就是一两个小时，甚至更长时间。

一、圣马可广场

圣马可广场（Piazza San Marco）初建于9世纪，当时只是圣马可大教堂前的一处小广场。马可是圣经中《马可福音》的作者，威尼斯人将他奉为守护神。相传828年两个威尼斯商人从埃及亚历山大将耶稣圣徒马可的遗骨偷运到威尼斯，并在同一年为圣马可兴建教堂，教堂内有圣马可的陵墓，大教堂以圣马可的名字命名，大教堂前的广场也因此得名"圣马可广场"。

1177年，为了教宗亚历山大三世（罗兰多·班迪内利，Rolando Bandinelli，1105—1181年）和罗马帝国皇帝腓特烈一世（Frederick I，1122—1190年）的会面，将圣马可广场扩建成如今的规模。

法国政治家拿破仑（Napoléon Bonaparte，1769—1821年）1797年在威尼斯赞叹圣马可广场是"欧洲最美的客厅"和"世界上最美的广场"，并下令把广场边的行政官邸大楼改成了他自己的行宫，还建造了连接两栋大楼的翼楼作为他的舞厅，命名为"拿破仑翼大楼"。

圣马可广场一直是威尼斯的政治、宗教和传统节日的公共活动中心（图8-7a ～图8-7f）。广场由总督官（Doge's Palace），圣马可大教堂（Basilica di San Marco），圣马可钟楼（Campanile di San Marco），新、旧市政大楼（Procuratie Vecchie），连接两大楼的拿破仑翼大楼（Napoléon Wing），圣马可大教堂钟塔（Clock Tower，Torre dell'Orologio）和圣马可图书馆（Biblioteca Nazionale Marciana）等建筑以及威尼斯大运河（Grand Canal）围成曲尺形。整个广场由3个梯形组成：①大广场，长约170米，东边宽约80米，西侧宽约55

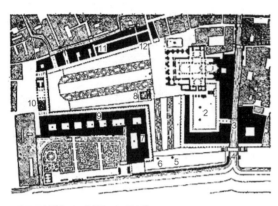
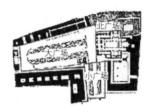

左　广场平面
上　三个梯形广场

1—圣马可大教堂；2—总督宫；3—叹息桥；
4—麦杆秆桥；5—圣马可飞狮像柱；
6—圣蒂奥多雷像柱；7—圣马可图书馆；
8—钟塔；9—新市政大楼；10—拿破仑翼大楼；
11—旧市政大楼；12—圣马可钟楼

0　　50　　100米

图8-7a　威尼斯圣马可广场平面
资料来源：Бунин А.В. История
Градостроительного Искусства. Том
Первый. Москва，1953

图8-7b　威尼斯圣马可广场位置
及建筑立面
资料来源：Бунин А.В. История
Градостроительного Искусства. Том
Первый. Москва，1953

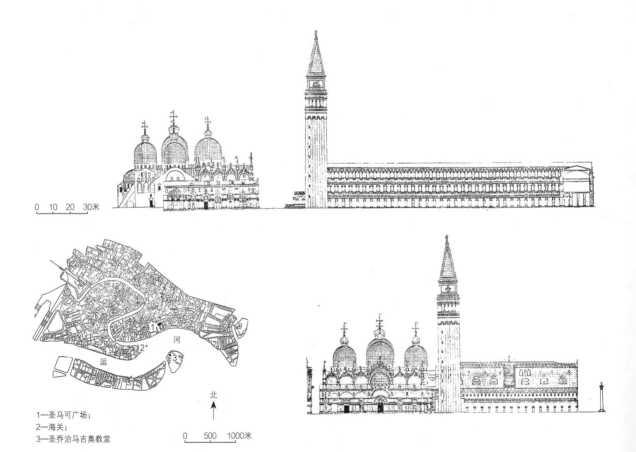

0　10　20　30米

1—圣马可广场；
2—海关；
3—圣乔治马吉奥教堂

北

0　　500　　1000米

图8-7c　圣马可广场鸟瞰
资料来源：网络

图8-7d　由威尼斯大运河看圣马
可广场
资料来源：笔者摄

图8-7e　圣马可广场
资料来源：笔者摄

图8-7f　圣马可广场的小广场
资料来源：笔者摄

米；②小广场；③教堂北侧的北广场，是主广场的一个小分支，供市民游憩。钟塔是大小两个广场的联系枢纽，使两者分隔而又相连。小广场上在运河边的两个立柱——圣马可飞狮像柱（St. Mark's Flying Lion）和圣蒂奥多雷像柱（the Pillars of San Theodore）——则是圣马可广场的南界，限定而不封闭空间，同时成为广场面向运河的景框。

圣马可广场是围合的复合式广场，在空间组合上是自由的，两个大的梯形广场垂直对角相连，非对称。作为威尼斯的中心广场，圣马可广场承担着宗教、

图8-8 威尼斯圣乔治马吉奥教堂
资料来源：笔者摄

市政、公共活动以及休闲娱乐的作用。

圣马可广场上靠海湾的小广场，透过一对立柱，有着极好的对景——400米以外小岛上的圣乔治马吉奥教堂（San Giorgio Maggiore）。教堂也有一个钟塔，与圣马可广场的钟塔遥相呼应（图8-8）。

二、卡比多广场

卡比多广场（Plaza Campidoglio）即罗马市政广场。广场的改建是文艺复兴时期米开朗琪罗的杰作之一（图8-9a）。

广场原有建筑元老院（Senatus）和档案馆（Palazzo dei Conservatori）且互不垂直，元老院立面也不对称（图8-9b）。米开朗琪罗在原来基础上重建了元老院，改造了档案馆的立面，并于1540年在档案馆对面加建了博物馆，使博物馆和档案馆以元老院的轴线为中轴对称，形成梯形平面（图8-9c）。广场进深79米，前宽40米，后宽60米。在广场中央竖立罗马帝国皇帝马可·奥勒利乌斯（Marcus Aurelius Antoninus Augustus，121—180年）骑马铜像（图8-9d）。元老院高27米，档案馆和博物馆高20米。元老院的底层包括中间的台阶，是一个大基座，而高耸的塔楼为整个广场的制高点。原来无序的空间组织成了有机的整体（图8-9e）。入口处为一长串阶梯，顶端两侧立着神话中斯巴达王后勒达（Lè Dá）所生迪奥斯库里孪生兄弟（Dioscūrī）的雕像。

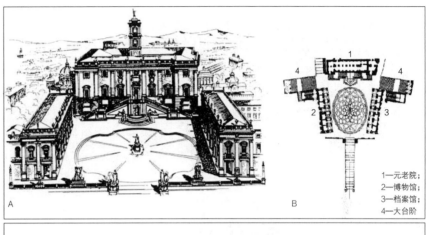

1—元老院；
2—博物馆；
3—档案馆；
4—大台阶

A 鸟瞰图
B 平面
C 博物馆局部立面
D 马可·奥勒利乌斯骑马铜像
E 从广场看博物馆
F 门廊

图8-9a 卡比多广场
资料来源：网络

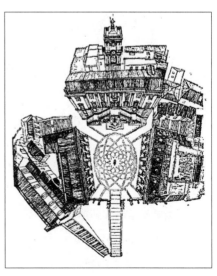

图8-9b 卡比多广场改造前
资料来源：齐康. 城市建筑. 南京：东南大学出版社，2001

图8-9c 卡比多广场鸟瞰
资料来源：沈玉麟. 外国城市建设史·第十章文艺复兴与巴洛克时期的城市. 北京：中国建筑工业出版社，1989

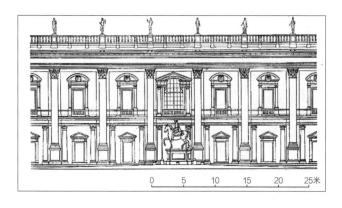

图8-9d　卡比多广场博
物馆及马可·奥勒利乌
斯骑马铜像骑马像立面
资料来源：Бунин А.В.
История Градострои-
тельного Искусства. Том
Первый. Москва，1953

图8-9e　卡比多广场
资料来源：网络

三、锡耶纳坎波广场

　　锡耶纳（Siena，图8-10a）位于意大利南托斯卡纳地区，佛罗伦萨南部大约50公里，历史上是贸易、金融和艺术中心，由罗马帝国第一位元首（Princeps）屋大维（Gaius Octavius Augustus，公元前63—14年）在公元前29年所建。

　　坎波广场（又称"田园广场"，Piazza del Campo）是锡耶纳全城的中心，锡耶纳所有的街道都通向广场。由狭窄的街道街进入广场，豁然开朗，具有异常的视觉效果。

　　广场前身是锡耶纳早期的大集市。1293年，当时的锡耶纳掌权者"九理事会"（the Council of Nine）下令筹建一个华美的市民广场。红砖块石路面始建于1327年，竣工于1349年。此后，这个广场成为市民生活的焦点，执行死刑、斗牛、每年两次的派里奥戏剧演出、赤背赛马节都在此地进行。从高处俯瞰，坎波广场呈巨大的扇形（图8-10b、图8-10c），共由九个部分组成，分别代表锡耶纳政府"九理事会"。广场不是水平的，而是外高内低。广场的一侧有著名的欢乐喷泉（Fonte Gaia），始建于14世纪，是现代喷泉的雏形，也是最早运用液压系统制造的喷泉之一。市政厅帕布里科宫及高88米的曼嘉钟塔（Torre del Mangia）是广场的"定海神针"，控制了整个广场的空间景观（图8-10d）。

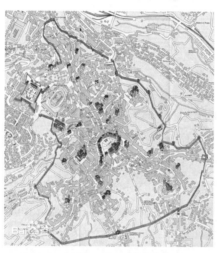

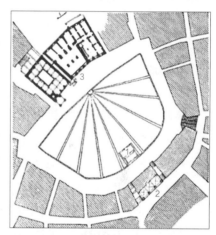

图8-10a　锡耶纳城平面
资料来源：网络

图8-10b　锡耶纳坎波广场平面
资料来源：Бунин А.В. История Градостроительного Искусства. Том Первый. Москва,1953

1—欢乐喷泉；2—赌场；3—市政厅　0 10 20 30 40 50米

图8-10c　锡耶纳坎波广场
资料来源：网络

图8-10d 锡耶纳坎波
广场市政厅及曼嘉钟塔
资料来源：网络

四、托迪广场

托迪（Todi）是意大利中部翁布里亚区（Umbria）的一个市镇，是中世纪古城，耸立在一座高大的双峰山顶，俯瞰台伯河东岸。

托迪城是按功能需要，逐渐自发形成的城市（图8-11a）。托迪城人民广场（Piazza del Popolo，图8-11b）周围环绕着该市的主要建筑：教会权力的象征托迪圣母升天主教座堂（Cathedral of Saint Mary of the Assumption，图8-11c），世俗权力的中心执政官宫（Palazzo del Priore）、统领宫（Palazzo del Capitano）和人民宫（Palazzo del Popolo，图8-11d）。

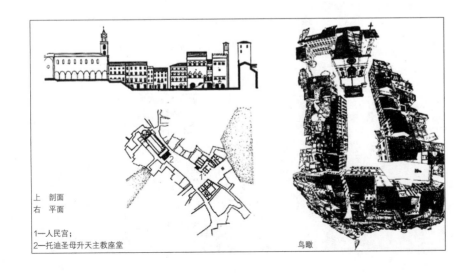

上 剖面
右 平面

1—人民宫；
2—托迪圣母升天主教座堂

鸟瞰

图8-11a 托迪广场
资料来源：齐康. 城市建筑. 南京：东南大学出版社，2001

图8-11b　托迪人民广场
资料来源：网络

图8-11c　托迪圣母升天主教座堂
资料来源：网络

图8-11d　托迪人民宫
资料来源：网络

　　人民广场与相邻的小广场彼此分隔又紧密相连，组成一个空间群体，人民宫是两者转折的枢纽。两个广场一大一小，互相垂直；围合两个广场的建筑形态相似，均具有近人的尺度；两个塔楼互相呼应，显示空间群体的统一、完整。而两者的大小对比以及地面标高的变化，使空间群体的景色富于变化。

五、圣彼得广场

　　圣彼得广场（Piazza San Pietro）位于梵蒂冈[4]的东面，因广场正面的圣彼得大教堂

4　梵蒂冈全称"梵蒂冈城国"，罗马教廷的所在地，位于罗马西北角的梵蒂冈高地上，面积0.44平方公里，常住人口约800人，大多为神职人员。梵蒂冈原为中世纪教宗国的中心，1870年教宗国领土并入意大利后，教宗退居梵蒂冈；1929年梵蒂冈与意大利签订《拉特兰条约》（Patti Lateranensi），成为独立国家。

（Basilica di San Pietro）而得名，是罗马教廷举行大型宗教活动的地方。圣彼得大教堂是罗马天主教最重要的宗教圣地。教堂规模之大令人惊叹，平面面积为1942平方米，总占地面积达15100平方米。

圣彼得广场建于1656—1667年，由拉斐尔、米开朗琪罗等建筑师设计并完善，由著名建筑大师乔凡尼·洛伦佐·贝尼尼（Giovanni Lorenzo Bernini，1598—1680年）亲自监督建设。

广场由教堂前的梯形广场和长198米的长圆形广场连接组成。广场地面用黑色小方石块铺成。广场周围有4列共284根多利安柱式的圆柱，形成3条走廊，恢宏雄伟。圆柱上面是140个圣人像。

广场中央矗立着一座方尖碑。这座石碑原是罗马皇帝卡利古拉（即盖乌斯·尤里乌斯·恺撒·奥古斯都·日耳曼尼库斯，Gaius Julius Caesar Augustus Germanicus，公元12—41年）为装饰皇宫旁边的圆形广场，于公元37年征服埃及后将它从亚历山大带回来的。1586年，教皇西斯廷五世下令将石碑移至圣彼得广场。方尖碑没有文字和图案，碑高25米，重320吨。碑的两侧有两座造型讲究的喷泉，形成广场的长轴。碑处于广场长轴和短轴的交点，以其高耸、挺拔的独特形体成为偌大的广场的控制因素。

圣彼得广场的建筑尺度巨大，空间开阔，人显得渺小，而方尖碑在广场的任何地方都有较好的视角（图8-12a～图8-12d）。

图8-12a　圣彼得广场平面
资料来源：网络

图8-12b　圣彼得广场鸟瞰
资料来源：网络

图8-12c　圣彼得广场
资料来源：网络

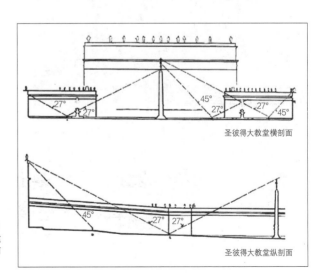

图8-12d　圣彼得广场的视角
资料来源：齐康. 城市建
筑·第一篇轴. 南京：东南
大学出版社，2001

第三节 法国圣米歇尔山城

圣米歇尔山（Mont S.Michel）位于法国芒什省诺曼底附近，海拔88米。山顶建有著名的圣米歇尔山隐修院（Sacra di San Michele）。涨潮时山城变成一座海上孤城，颇具神秘色彩。

公元969年在岛顶上建造了本笃会[5]隐修院。1211—1228年在岛北部又修建了古罗马式教堂。直到16世纪，圣米歇尔山教堂群才真正完工。

圣米歇尔山城是一个防御性的城堡（图8-13a、图8-13b）。山顶的教堂以其

图8-13a　圣米歇尔山
资料来源：《圣米歇尔山：漂浮在海上的神秘孤岛，永不会消失的海市蜃楼》，《味蕾旅行志》，2023年

5 本笃会隐修院是公元529年由意大利人本笃创立于意大利中西部的卡西诺山。规定会士发"三愿"：绝色（不婚娶）、绝财（无私财）、绝意（严格服从），每日集体诵经，认真读书，余暇从事劳动，其座右铭是"祈祷不忘工作"，其后成为天主教修会制度的范本。

巨大的体量和高耸的塔尖突出于整座山城，成为山城的制高点，是山城空间构图的控制因素。

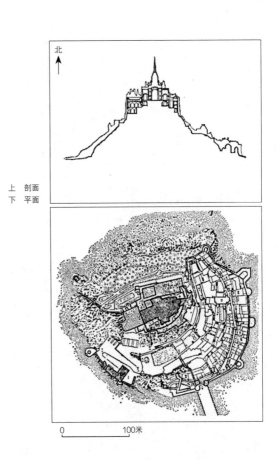

图8-13b 圣米歇尔山平面与剖面
资料来源：沈玉麟. 外国城市建设
史·第七章西欧中世纪封建城市. 北
京：中国建筑工业出版社，1989

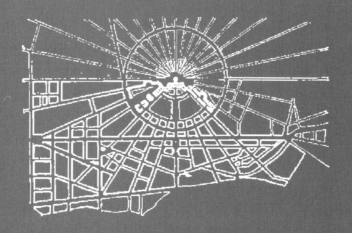

第九章

绝对君权时期

16世纪至19世纪中叶，资本主义制度开始萌芽与成长，而另一方面封建势力和天主教会又竭力阻止时代的进步，所以这一时期西欧各国的历史情况极其复杂。在欧洲的很多国家中出现了一段封建君权异常强盛的时期，称为西方"绝对君权"时期（Absolute monarchical power period）。17世纪后半叶，法国路易十四（Louis XⅣ，1638—1715年）执政，绝对君权处于鼎盛时期。

绝对君权时期是欧洲发展的一个重要历史阶段，代表思想是古典主义，体现了有秩序的、永恒的王权至上的要求，追求抽象的对称和协调，崇尚纯粹几何结构和数学关系。城市规划建设中强调构图的主从关系，突出轴线，讲求对称。

巴黎　第一节

塞纳河流经巴黎时弯曲回转，中间形成若干小岛；岛屿以北为大片湿地，东西两侧有塞纳河的支流绕行，远处环有若干山丘高地。塞纳河中的西岱岛（Ile de la Cité, Cite Island）成为巴黎地区最早的人类定居地；此后在塞纳河以北、与西岱岛平行的位置上又形成了第二条重要的发展轴线，逐渐诞生了人类聚居地，先是村庄，后是城市。

公元前250—225年，克尔特族（Celt）的巴黎吉人（Parisii）在西岱岛上建立首都吕岱斯（Lutèce），西岱岛因

此成为巴黎的发祥地，"巴黎"的名称也由此而来。

公元前53年罗马人占领高卢，在西岱岛上，以东西和南北两条轴线发展起来的网格状传统空间得以扩展。古罗马时，巴黎成为一座没有城墙、完全开敞的城市。环绕城市的高地担当起城市防御的职能。

一、城墙

巴黎先后建立多道城墙（图9-1a ～图9-1c）：高卢城墙（Enceinte Gauloise），3世纪的高卢—罗马城墙（Enceinte Gallo-Romaine）、加洛林城墙（Enceinte Carolingienne），12世纪末的菲利普·奥古斯特城墙（Enceinte de Philippe Auguste）、查理五世城墙（Enceinte de Charles V），17世纪的路易十三城墙（Enceinte de Louis XⅢ），18世纪的包税人城墙（Mur des Fermiers Généraux），19世纪的梯也尔城墙（Enceinte de Thiers）。

根据1859年11月3日颁布的法律，巴黎的城市边界被延伸至梯也尔城墙脚下的开阔地带。虽然历经战火的威胁，梯也尔城墙被保留下来，并于1874年得以加固，在原城墙外5公里处修建了第二道防御工事。

第二帝国时期，拿破仑三世（夏尔·路易-拿破仑·波拿巴，Napoléon Ⅲ，Charles Louis Napoléon Bonaparte，1808—1873年）委任塞纳省省长乔治-欧仁·奥斯曼（Baron Georges-Eugène Haussmann）主持巴黎的扩建工程。扩建

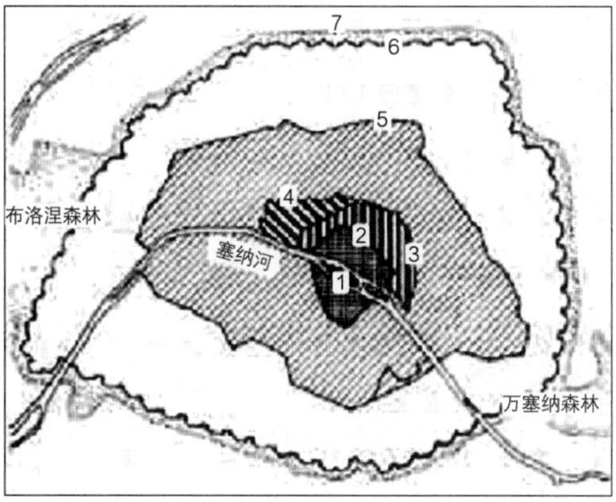

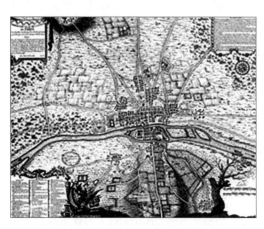

图9-1a　巴黎城墙
资料来源：王小舟，孙颖. 北京与巴黎传统城市空间形态的比较和研究. 国外城市规划，2004（5）：68-76

1—高卢-罗马城墙；
2—菲利普·奥古斯特城墙（1190年）；
3—查理五世城墙（1370年）；
4—路易十三城墙（17世纪）；
5—包税者城墙（1784—1791年）；
6—梯也尔城墙（1841—1845年）；
7—现在的城区界限

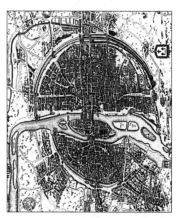

图9-1b　巴黎1180年地图
资料来源：网络

图9-1c　巴黎1550年地图
资料来源：阳建强. 西欧城市更新·6巴黎. 南京：东南大学出版社，2012

工程将巴黎中轴线上的广场、绿地、水面以及建筑物、纪念性建筑小品组成了一个丰富多彩而又井然有序的完整的空间序列。

到了现代，城墙墙基成为巴黎人休闲散步的场所，各种小市场、小酒店、马戏表演和集贸市场应运而生，使这里充满生机。至1926年，非军事区内的居民数量达到42300人。拆除城墙成为人们经常议论的话题。城墙拆除工作于1919年开始，至1932年告一段落。

二、巴黎的城市中轴线——香榭丽舍大道

巴黎的城市中轴线东起卢浮宫（Musée du Louvre）经练兵场凯旋门、丢勒里花园（des Tuileries）、协和广场（Place de la Concorde）、香榭丽舍大道

（Avenue des Champs-Elysées）至雄狮凯旋门（l'Arc de triomphe de l'Étoile），是巴黎城市中轴线。但卢浮宫轴线与这条轴线在练兵场凯旋门处有一个6°的小转折。

1616年，当时的皇后玛丽·德·梅德西斯（Marie de Medicis）决定把卢浮宫外一处沼泽改造成一条绿树成荫的大道——被称为"皇后林荫大道"。

丢勒里花园是巴黎建造最早的大型花园，路易十三时期对巴黎市民开放，是历史上第一个"公共花园"。1664年路易十四要求皇家园艺师安德烈·勒诺特（André Le Nôtre，1613—1700年）对丢勒里花园进行全面改造，1667年，勒诺特把这个皇家花园的东西中轴线向西延伸至圆形广场，一直通向远处的夏洛特（Chaillot）山丘，消失在地平线上，这是香榭丽舍大街的雏形。而夏洛特山丘就是后来拿破仑建造凯旋门的地方。当时，道路两侧还是荒野和沼泽。丢勒里花园是古典主义园林的优秀作品之一。1709年，最初的香榭丽舍两旁植满了榆树。

1804年，拿破仑称帝。为表彰帝国的荣耀，在市中心的广场和街道，加建纪念物。在协和广场以东300米建丢勒里宫。丢勒里宫烧毁后，建了练兵场凯旋门。协和广场以西2700米建了雄狮凯旋门。两个凯旋门相距3000米，遥遥相对，奠定了巴黎城市的中轴线。

1828年，设计师希托夫（Hittorf）和阿尔方德（Alphand）为香榭丽舍添加了喷泉、人行道和煤气路灯。

第二帝国时期奥斯曼巴黎改造计划的核心是干道网的规划与建设。奥斯曼扩建了许多街头广场，如星形广场、巴士底广场等。连接各大广场路口的是笔直宽敞的梧桐树大道，两旁是豪华的五六层建筑；每条大道都通往一处纪念性建筑物。星形广场周边原有5条大道，后增建7条，使广场成为12条呈辐射状大道的中心。香榭丽舍大道则从圆形广场延长至星形广场，成为12条大道中的一条（图9-2a～图9-2e）。

香榭丽舍大道全长约1900米，最宽处约120米，为双向8车道，东起协和广场，西至星形广场。以圆形广场为界，东段长约700米，以自然风光为主，两侧是平坦的草坪，恬静安宁，充分利用开阔的广场、水面、绿地，使空间更加开阔明快；西段长约1200米，是高级商业街，世界名牌的服装店、香水店鳞次栉比。

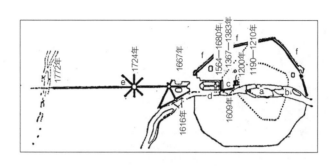

图9-2a　巴黎中轴线的演变
资料来源：沈玉麟．外国城市建
设史·第十一章绝对君权时期的城
市．北京：中国建筑工业出版社，
1989

a—城岛；
b—圣路易岛；
c—卢浮宫；
d—丢勒里花园；
e—凯旋门；
f—林荫道

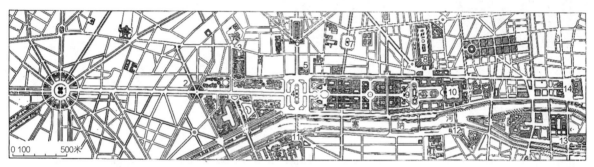

1—星形广场；2—圆形广场；3—爱丽舍宫；4—协和广场；5—海洋部大楼；6—马德兰教堂；7—旺道姆广场；8—旧皇宫；9—练兵场凯旋门；10—卢浮宫；11—波旁宫；
12—法兰西研究院；13—巴黎圣母院；14—市政厅

图9-2b　巴黎中轴线平面
资料来源：Бунин А.В. История Градостроительного
Искусства. Том Первый. Москва，1953

图9-2c　巴黎中轴线
资料来源：笔者摄

图9-2d　巴黎香榭丽舍大道（1）
资料来源：网络

图9-2e　巴黎香榭丽舍大道
（2）
资料来源：笔者摄

三、协和广场

巴黎协和广场位于巴黎市中心，塞纳河北岸，18世纪由国王路易十五下令营建，取名"路易十五广场"。设计师雅克·昂日·卡布里耶（Jacques-Ange Gabriel）设计了一个长360米、宽210米的八角形广场。大革命时期，它被称为"革命广场"。1795年改称"协和广场"，1840年重新整修，建筑师希托夫（Hittorf）受命负责广场的规划建设。希托夫尊重广场原设计师卡布里耶的创意，在广场四周加上了栏杆。广场呈矩形，南北长243米，东西宽172米，四角抹去（图9-3a、图9-3b）。

广场中央矗立的埃及方尖碑（图9-3c）是1831年由埃及总督穆罕默德·阿里（Muhammad Ali）赠送给查理五世的。整块粉红色花岗石上面刻满了埃及象形文字，赞颂埃及法老的丰功伟绩，高23米，从埃及卢克索经历千难万险运到巴黎。

广场的四周有8座雕像，代表法国的8大城市：西北是鲁昂、布雷斯特，东北是里尔、斯特拉斯堡，西南是波尔多、南特，东南是马赛、里昂。

1835—1840年，协和广场上又增设了两个场景宏大的喷泉和装饰华丽的纪念碑。纪念碑以船首图案装饰，是巴黎城的象征。两个喷泉着意体现当时法国高超的航海及江河航运技术。北边是河神喷泉（la Fontaine des fleuves），南边是海神喷泉（la fontaine des mers）。

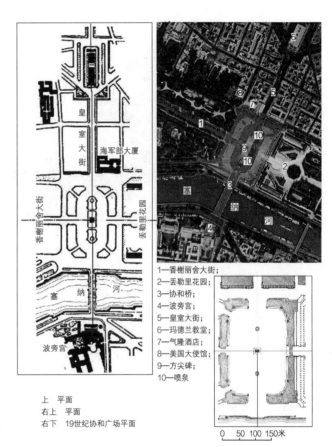

图9-3a 协和广场平面
资料来源：Бунин А.В.
История Градострои-
тельного Искусства. Том
Первый. Москва，1953

1—香榭丽舍大街；
2—丢勒里花园；
3—协和桥；
4—波旁宫；
5—皇室大街；
6—玛德兰教堂；
7—气隆酒店；
8—美国大使馆；
9—方尖碑；
10—喷泉

上　平面
右上　平面
右下　19世纪协和广场平面

0　50 100 150米

图9-3b 巴黎协和广场
鸟瞰
资料来源：陈志华. 外国
建筑史（19世纪末叶以
前）（第四版）·第9章法
国古典主义建筑. 北京：
中国建筑工业出版社，
2010

图9-3c　巴黎协和广场
方尖碑和喷泉
资料来源：网络

　　协和广场是完全开敞的，只有北面有建筑物。广场本身的边界是壕沟和栏杆以及绿化。

四、星形广场

　　星形广场（Place Charles de Gaulle）位于塞纳河以北。广场始建于1892年，1899年落成，1970年命名为"戴高乐广场"。

　　坐落在广场中央的凯旋门是拿破仑一世为纪念他在奥斯特利茨战役中大败奥俄联军的功绩，于1806年2月下令兴建的，由建筑师夏尔格兰（Jean Chalgrin，1739—1811年）设计，初名"雄师凯旋门"（Arc de Triomphe）。凯旋门全部由石材建成，高48.8米，宽44.5米，厚22米，四面各有一门，中心拱门宽14.6米。门上有许多精美的雕刻。内壁刻的是曾经跟随拿破仑东征西讨的数百名将军的名字和宣扬拿破仑赫赫战功的浮雕。外墙上刻有取材于1792—1815年法国战史的巨幅雕像。所有雕像各具特色，同门楣上花饰浮雕构成一个有机的整体，俨然是一件精美动人的艺术品。凯旋门正面有四幅浮雕——《马赛曲》《胜利》《抵抗》《和平》。其中最吸引人的是刻在右侧（面向香榭丽舍大街）石柱上的"1792年志愿军出发远征"，即著名的《马赛曲》浮雕。

　　凯旋门建成后，到19世纪中期，其周围修建了环形广场以及12条放射状道路。基本形成了今日的格局（图9-4a～图9-4c）。1920年11月，凯旋门的下方建了无名烈士墓。

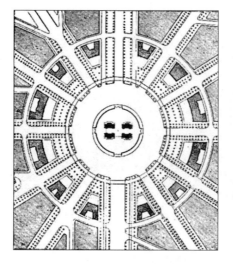

图9-4a　星形广场平面
资料来源：Бунин А.В. История
Градостроительного Искусства.
Том Первый. Москва，1953

图9-4b　星形广场鸟瞰
资料来源：网络

0　　50　　100　　150　　200米

图9-4c　星形广场凯旋门
资料来源：网络

五、旺道姆广场

旺道姆广场（Place Vendome）建于1699—1701年，由建筑师于勒·阿尔杜-孟莎（Jules Hardouin-Mansard，1646—1708年）设计。

广场平面呈长方形，长224米，宽213米，四角抹去。因旺道姆公爵（1594—1665年）的府邸坐落于此而得名。广场周边的建筑均为3层，底层是券廊，内设店铺。这种做法起源于17世纪的广场，后成为商业广场和街道的传统。

18世纪广场鸟瞰   19世纪后广场

图9-5 巴黎旺道姆广场
资料来源：网络

上面两层是住宅，外部采用科林斯式壁柱，体现严谨、简洁的古典主义特征。坡屋顶、老虎窗流露出法国传统建筑的痕迹。纵横轴线的交点立着路易十四骑马铜像。19世纪初，路易十四骑马铜像被模仿古罗马图拉真纪功柱的纪念柱替代，以纪念拿破仑1805—1807年对俄国和奥地利的战争胜利。纪念柱高43.5米，顶端立有拿破仑雕像，柱身环绕着一圈铜铸的浮雕。旺道姆广场是一座充满纪念色彩的封闭形广场（图9-5）。

六、纳伏那广场

纳伏那广场（Piazza de Navona）原来是古罗马的图密善赛车场，由图密善皇帝（Domitian，51—96年）于公元86年建成。广场平面是封闭型的，大体呈狭长矩形，一端为弧形，另一端为矩形。

1644年，教皇英诺森十世（Innocent X，1574—1655年）着手重建古赛车场。由乔凡尼·洛伦佐·贝尼尼设计了两个喷泉：位于广场南端的莫罗喷泉（Fontana dei Moro）和位于中心的四河喷泉（Fontana dei Quattro Fiumi）。四河喷泉中的雕塑分别象征着4条天堂河流（多瑙河、尼罗河、普拉特河与恒河）以及当时已知世界的4个角落（亚洲、非洲、欧洲和美洲）。方尖碑是罗马皇帝图密善下令在埃及阿斯旺用红色的花岗石制造的，被放在四河喷泉中。1651年方尖碑的顶部加上了一只鸽子，那是教皇庞腓力的家族标志。

广场的主要建筑圣阿涅斯教堂在一个长边上，立面体形呈曲面，使广场变得比较生动，广场上两座喷泉更增加了空间的动态（图9-6a、图9-6b）。

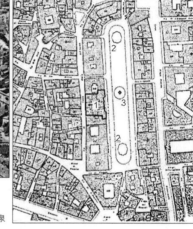

图9-6a 纳伏那广场平面与鸟瞰
资料来源：Бунин А.В. История
Градостроительного Искусства.
Том Первый. Москва，1953

上 鸟瞰
右 平面

1—圣阿涅斯教堂；
2—喷泉；
3—方尖碑及四河喷泉

图9-6b 纳伏那广场
资料来源：网络

七、西班牙大台阶

西班牙大台阶（Spanish Steps）是一处户外阶梯，与西班牙广场相连接，天主圣三一教堂（Trinity Church）位于西班牙大台阶的顶端，教堂前立有方尖碑。方尖碑是1789年从罗马萨鲁斯特花园（Sallustio）移到此地的埃及方尖碑复制品。

　　西班牙大台阶建于1721—1723年，由弗朗西斯科·德·桑克蒂斯（Francesco de Sanctis）设计。17世纪时西班牙大使馆迁移于此，大台阶及其广场因此而得名。

（一）如花瓶的平面

　　大台阶由钙华石砌成，3个大平台分为3层，台阶分12段共137个石级，两侧的弧形台阶将各平台连接起来，台阶平面如同一只花瓶，形成动人的曲线，台阶宽窄的变化、踏步分合的搭配，让走在上面的人体会到缓急张弛的韵律。曲线形大台阶将不同标高、轴线不一的广场与街道有机地统一起来，构成了一个和谐的整体（图9-7a、图9-7b）。

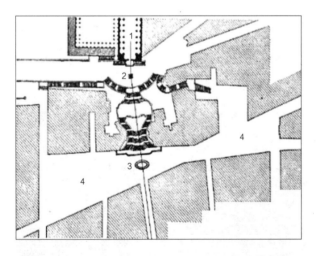

1—天主圣三一教堂；
2—方尖碑；
3—小舟喷泉；
4—广场

0　10　　　50　　　100米

图9-7a　西班牙大台阶平面
资料来源：Бунин А.В. История Градостроительного Искусства. Том Первый. Москва，1953

图9-7b　西班牙大台阶全景
资料来源：网络

　　大台阶之上，一座16世纪的双塔式教堂俯瞰着广场和大台阶；大台阶和方尖碑形体对比强烈，互相衬托；方尖碑的位置实现了教堂和大台阶的轴线转折；台阶前的"小舟喷泉"是大台阶与周边街道的枢纽，"小舟喷泉"播撒的水珠给广场增添了浪漫气息。

（二）无原罪圣母圆柱

　　1777年，在罗马战神广场（Campus Martius）附近出土了一根高大的云母大理石圆柱。1856年，罗马教皇庇护九世（Pius IX）决定，用出土的云母大理石圆柱来纪念圣母玛利亚。次年9月大圆柱落成，被命名为"无原罪圣母圆柱"（La colonna dell'Immacolata），高27米。柱顶是一尊圣母雕像，基座上是摩西、艾赛亚、大卫、伊齐基尔等4位犹太人先知的雕像。

　　圆柱所在的小广场叫作密格那内利广场（Piazza Mignanelli）。在西班牙大台阶下就能看到无原罪圣母圆柱，从而建立了密格那内利广场与西班牙大台阶在空间上的联系，圆柱高耸且不会遮挡其他建筑物（图9-8a、图9-8b）。这是一般建筑小品或其他纪念物难以办到的。

图9-8a　西班牙无原罪圣母圆柱
资料来源：网络

图9-8b　西班牙大台阶与无原罪
圣母圆柱
资料来源：网络

第二节　凡尔赛宫苑

凡尔赛宫（Château de Versailles）位于法国巴黎西南郊外伊夫林省省会凡尔赛镇，所在地区原来是一片森林和沼泽荒地。1624年，法国国王路易十三买下了这块荒地，在这里修建了一座二层的红砖楼房，用作狩猎行宫。

1664年，路易十四完婚后决定将皇家行宫迁往凡尔赛，即在其父亲修建的狩猎小屋基础上建造行宫，并为此征购了6.7平方公里的土地。1667年，安德烈·勒诺特设计凡尔赛宫苑及喷泉，在狩猎行宫的西、北、南三面添建新宫殿，将原来的狩猎行宫包围起来。原行宫的东立面被保留下来作为主要入口，并修建了大理石庭院（Marble Court）。

1674年，建筑师于勒·阿尔杜-孟莎从勒诺特手中接管了凡尔赛宫工程，他增建了宫殿的南北两翼、教堂、桔园和大小马厩等附属建筑，并在宫前修建了3条放射状大道。

1682年5月6日，路易十四宣布将法兰西宫廷从巴黎迁往凡尔赛。1688年，凡尔赛宫主体部分建筑工程完工。1710年，整个凡尔赛宫苑的建设全部完成。

宫前是一座风格独特的"法兰西式"大花园。严格规则化的园林设计是法国封建专制统治鼎盛时期文化上的古典主义思想所产生的结果。几百年来欧洲皇家园林几乎都遵循了它的设计思想。圣彼得堡郊外的夏宫、维也纳的美泉宫、波茨坦的无忧宫等都仿照了凡尔赛宫苑。

花园面积为100公顷，内有1400个喷泉以及一条长1.6公里的十字形人工大运河。

全园主体景观结构中，平坦的地形上应用了大量水渠和运河等静态水景。这些像镜面一样的规则式水面使全园增加了一种辽阔、深远的气势。雕像、喷泉间杂其间，宁静而又富于动感（图9-9a、图9-9b）。

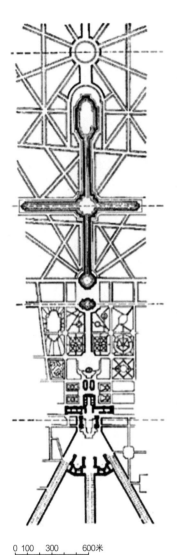

0 100 300 600米

图9-9a　凡尔赛宫苑平面（左）
资料来源：Бунин А.В. История
Градостроительного Искусства.
Том Первый. Москва，1953

图9-9b　凡尔赛宫苑（右）
资料来源：笔者摄

第三节 法国南锡市中心广场群

南锡（Nancy）是法国著名的历史文化名城，中世纪中后期是洛林公国（Duché de Lorraine）的首府。

建于18世纪的法国南锡市中心广场群，由3个广场组成空间序列：斯坦尼斯拉斯广场（Place Stanislas）、跑马广场（Place de la Carrière）和王室广场（Place d'Alliance）。3个广场串联在长约450米的轴线上，大小不一、形状各异，有的开敞，有的封闭，富于变化又和谐统一。法国作家维克多·雨果（Victor Hugo，1802—1885年）曾说："斯坦尼斯拉斯广场是我所见过的最美丽、最令人愉快、最完美的广场，一个宏伟的广场。"

南端的斯坦尼斯拉斯广场由波兰国王、洛林公爵斯坦尼斯拉斯于1752年为其女婿路易十五所建，广场中央是路易十五的雕像。法国大革命期间，路易十五的雕像被拆除，1831年，广场中央竖立斯坦尼斯拉斯一世的铜像，从此广场改称"斯坦尼斯拉斯广场"。广场长125米，宽106米，四周由建筑围合，四角敞开。正中是市政厅；东南角为默尔特-摩泽尔省府（Meurthe-et-Moselle）；东侧为歌剧院（原主教官）及大官（原皇后官）；西侧为美术博物馆（原医学院）和雅凯亭（Pavillon Jacquet）；北侧的建筑物是出于防御目的，高度较低。

斯坦尼斯拉斯广场北有一条宽40~65米的城壕。在桥头北是一座凯旋门。凯旋门南即是狭长的跑马广场，一条双林荫大道，两侧为互相对称的建筑物。北端的王室广场呈长圆形，四面是封闭的半圆柱廊，正中是长官府。

南锡市中心广场反映了欧洲绝对君权时期的古典主义建筑思潮，追求对称，强调轴线和主从关系，但广场群并不完全封闭，是半开敞的，是皇家广场和国民广场的结合（图9-10a~图9-10c）。

1—旧城；
2—新城；
3—府邸花园
A—斯坦尼斯拉斯广场；
B—跑马广场；
C—王室广场

A—斯坦尼斯拉斯广场；
B—跑马广场；
C—王室广场
1—市政厅；
2—凯旋门；
3—长官府

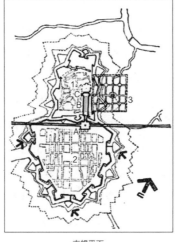

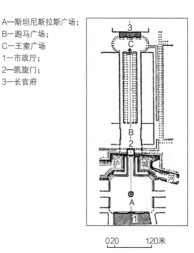

图9-10a 南锡市中心广场平面
资料来源：Бунин А.В. История
Градостроительного Искусства.
Том Первый. Москва，1953

南锡平面

0 20　　120米

南锡市中心广场平面

图9-10b 南锡市中心广场之斯坦
尼斯拉斯广场
资料来源：网络

图9-10c 南锡中心广场之跑马
广场
资料来源：网络

第四节

德国卡尔斯鲁厄市

卡尔斯鲁厄（Karlsruhe）是德国西南部城市，属巴登-符腾堡州（Baden-Württemberg），面积约173平方公里，拥有超过30万人口。

传说巴登-杜拉赫边区伯爵卡尔三世·威廉（Karl Ⅲ Wilhelm von Baden-Durlach，1679—1738年）在哈尔特森林一次外出打猎时睡着了。他梦见了一座金碧辉煌的宫殿，与太阳同时出现在他居所的位置，阳光沿着街道向四处辐射。卡尔三世·威廉于1714年请人草拟了他梦想之城的蓝图，1715年6月奠定了这座城市的基石。城市是一个同心圆，32条"太阳光线"，以宫殿为中心向周边散射，街道分别以网格状往南向城内延伸，往北向森林中延伸。32条放射路有9条是城市街道，其余均在绿地之中。卡尔斯鲁厄被称为"扇形城市"（图9-11a、图9-11b）。

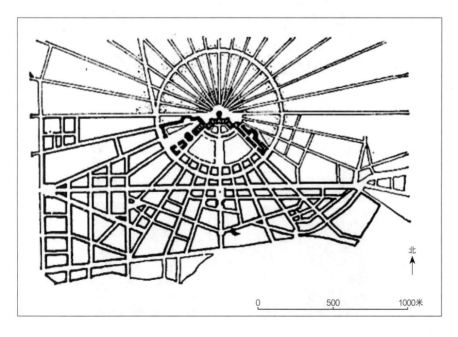

北

0　　　　500　　　　1000米

图9-11a　梦想之城——卡尔斯鲁厄平面
资料来源：沈玉麟. 外国城市建设史·第十一章绝对君权时期的城市. 北京：中国建筑工业出版社，1989

图9-11b　卡尔斯鲁厄
鸟瞰
资料来源：网络

丹麦阿马林堡广场

第五节

哥本哈根阿马林堡宫（Amalienborg）是丹麦王室的冬宫，北靠著名的神农喷泉（Gefion Fountain）、长堤公园（Langelinie park）和小美人鱼铜像（Den Lille Havfrue），南接千年古迹"新港"码头，东面与极富现代气息的皇家歌剧院隔运河相望，西面紧挨巍峨庄严的北欧最大圆顶教堂——大理石教堂[1]（The Marble Church）。

阿马林堡宫建于18世纪中叶，坐落在哥本哈根海港的黄金地段，紧邻市中心商业区，历经200多年仍完好地保留着当初的格局与风貌，与周围的现代建筑及历史遗迹和谐生辉。阿马林堡宫广场在哥本哈根港口边，为八角形，由四座外形相似、相互独立的王宫围合而成，构思巧妙，浑然天成。组成阿马林堡王宫的四座宫殿在18世纪50年代相继完工。最初它们只是丹麦四大王公贵族的住所。如今，丹麦王室虽然有多处行宫，但仍然把阿马林堡作为主要王宫。腓特烈五世国王是阿马林堡宫广场的最初规划者。广场中央屹立着高大的腓特烈五世国王（Frederik V，1164—1169年）骑马塑像，面对着大理石教堂肃穆的石柱大门和高耸的圆顶（图9-12a、图9-12b）。

---

1 由于大量使用了丹麦及挪威出产的大理石，当地人称之为"大理石教堂"。

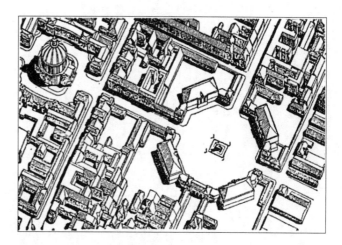

图9-12a　哥本哈根阿
马林堡广场鸟瞰
资料来源：沈玉麟．外
国城市建设史·第十一
章绝对君权时期的城市．
北京：中国建筑工业出
版社，1989

图9-12b　哥本哈根阿
马林堡广场
资料来源：笔者摄

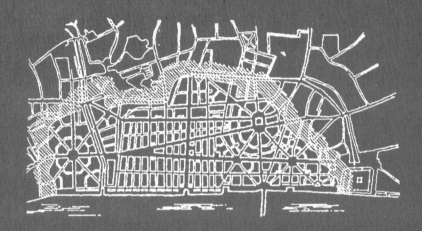

第十章

近现代

　　1640年，英国查理一世（Charles Ⅰ，1600—1649年）召开议会，标志着英国资产阶级革命的开始。英国资产阶级革命以新贵族阶级为代表，推翻封建专制统治，建立起英国资本主义制度，并在1689年颁布《权利法案》，以法律形式对王权进行明确制约，确立了议会君主立宪制。英国资产阶级革命极大促进欧洲各国反专制势力，起到思想启蒙作用，对世界历史产生了重要影响，其对1789年法国大革命影响是显而易见的。

　　英国通过革命推翻了君主专制，推动了历史的进程，是世界近代史的开端，也推动了第一次工业革命的到来。

　　1789年法国大革命攻占巴士底狱，过往的贵族和宗教特权不断受到冲击，旧的观念逐渐被全新的天赋人权、三权分立等民主思想所取代。

　　世界进入近现代。

伦敦

第一节

16世纪后，随着英国资本主义的兴起，伦敦的城市规模迅速扩大。到了20世纪初，伦敦人口已经有660万，是当时世界上最大的都市。

一、两个城的合组

伦敦没有明显的轴线，但它逐渐形成了以教堂、王宫和议会为核心的中心区。

公元1世纪，罗马人在皇帝克劳狄一世（克劳狄乌斯，Tiberius Claudius Drusus Nero Germanicus，公元前10—54年）领导下，在公元43年征服了后来称为英国的地方。他们在泰晤士河（River Thames）畔建筑了一个聚居点，取名为"伦底纽姆"（Londinium）。后来，罗马人在此修筑城墙，并且在城墙包围的地区逐步建立一个颇具规模的城市。

2世纪后期，伦敦修建了6米高的环伦敦石城墙，此时的伦敦按人口计已经是英国最大的城镇。公元407年，随着最后一批罗马军队撤离了英国，伦敦城镇也开始衰落。

中古时代（12世纪）王权逐步巩固，基督教会的权力扩大，伦敦逐渐发展，演变成为两个城合组为一个伦敦市的模式。在东面，在古罗马人的古伦敦城的基础上建立起伦敦市（City of London），该地后来发展成为伦敦金融城；在西面，威斯敏斯特市（City of Westminster）成为王室和政府的所在地，王室陆续在伦敦建筑王官，教会也修建了不少教堂和修道院（图10-1）。

二、英国的政治中心

伦敦是英国的政治中心，是英国王室、政府、议会以及各政党总部的所在地（图10-2a～图10-2c）。

白金汉宫（Buckingham Palace）是英国王官，坐落在西伦敦的中心区域，东接圣詹姆斯公园，西接海德公园，是英国王室成员生活和工作的地方，也是

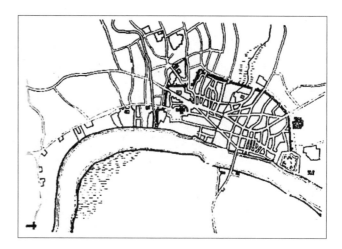

图10-1 大火前的伦敦平面

资料来源：沈玉麟. 外国城市建设史·第十二章近代资本主义城市的产生和欧洲旧城市改建. 北京：中国建筑工业出版社，1989

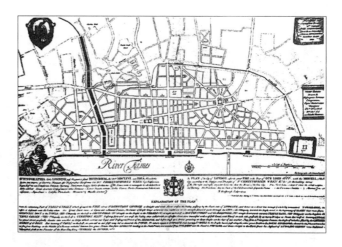

图10-2a 伦敦1724年规划

资料来源：阳建强. 西欧城市更新·7伦敦. 南京：东南大学出版社，2012

图10-2b 1851年伦敦平面

资料来源：阳建强. 西欧城市更新·7伦敦. 南京：东南大学出版社，2012

英国举办重大国事活动的场所。

　　白厅（White Hall）连接议会大厦和唐宁街（Downing Street），是英国政府机关所在地，首相办公室、枢密院、内政部、外交部、财政部、国防部等主要政府机构都设在该地。人们用白厅作为英国行政部门的代称。白厅的核心是设在唐宁街10号的首相官邸。

　　1045年至1050年，国王圣爱德华建立了威斯敏斯特宫（Palace of Westminster）。威斯敏斯特宫是英国议会上、下两院的活动场所，故又称为"议会大厅"（图10-2d、图10-2e）。议会广场南边的威斯敏斯特大教堂自1065年建成后一直是英国国王或女王加冕及王室成员举行婚礼的地方。

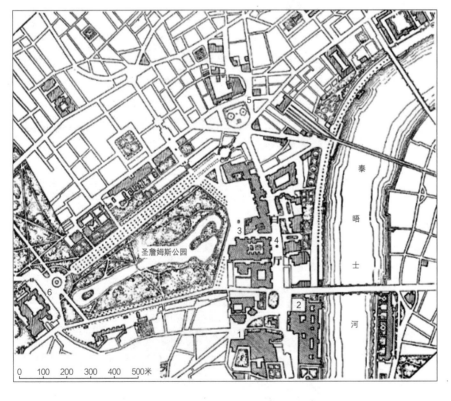

1—威斯敏斯特大教堂；
2—威斯敏斯特宫（议会大厅）；
3—唐宁街10号；
4—和平纪念碑；
5—集会广场；
6—白金汉宫

图10-2c　伦敦中心区平面
资料来源：Бунин А.В. История Градостроительного Искусства. Том Первый. Москва，1953

三、伦敦规划

1666年，伦敦发生了历史上最严重的一场大火——伦敦大火（Great Fire of London）。整个伦敦有13000间房屋被烧毁、87个教区的教堂被烧毁，300公亩（3公顷）的土地化为焦土。圣保罗大教堂（St. Paul's Cathedral）[1]被烧毁。

伦敦大火还彻底切断了自1665年以来伦敦的鼠疫问题，这场大火烧死了数

图10-2d　伦敦威斯敏斯特宫
资料来源：网络

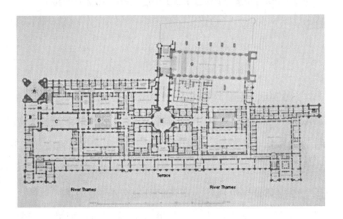

图10-2e　伦敦威斯敏斯特宫平面
资料来源：网络

1 伦敦圣保罗大教堂是英国的中心教堂。现存建筑是英国著名建筑家克托弗·雷恩爵士（Sir Christopher Wren，1632—1723年）营建的。工程从1675年开始，直到1710年才告完工。

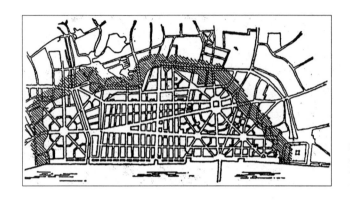

图10-3 伦敦1666规划
资料来源：沈玉麟. 外
国城市建设史·第十二
章近代资本主义城市的
产生和欧洲旧城市改建.
北京：中国建筑工业出
版社，1989

量庞大的老鼠，地窖中的老鼠根本没有藏身之处。在伦敦大火的前一年，欧洲
爆发鼠疫，仅伦敦地区死亡人数就在6万人以上。1665年的6月以来的3个月内，
伦敦的人口减少了1/10。

　　1666年伦敦大火以后，建筑师雷恩（Christopher Wren）为伦敦做了改建规
划（图10-3）。

（一）现代城市规划的确立

　　19世纪中叶，英国关于城市卫生和工人住房等一系列法律的颁布是现代城
市规划形成的基础。这一系列的法规直接孕育了1909年英国《住房、城镇规划
等法》（Housing、Town Planning，etc. Act）的通过，标志着现代城市规划的
确立。

（二）大伦敦规划

　　1937年，英国政府成立巴罗委员会（The Barlow Royal Commission），
1942年，巴罗委员会提出了限制城市蔓延的思路，并开始制定区域规划、划定
增长边界和建设新城。1944年，帕特里克·艾伯克隆比（Patrick Abercrombie，
1879—1957年）和巴罗委员会一起主持编制大伦敦规划（图10-4），规划方案
在半径约48公里范围内，由内向外划分4层地域圈：内圈、近郊圈、绿带圈和外
圈。内圈是控制工业、改造旧街坊、降低人口密度、恢复功能的地区；近郊圈
作为建设良好的居住区和健全地方自治团体的地区；绿带圈的宽度约16公里，
以农田和游憩地带为主，严格控制建设，作为制止城市向外扩展的屏障；外圈
计划建设8个具有工作场所和居住区的新城，从中心地区疏散40万人到新城去，

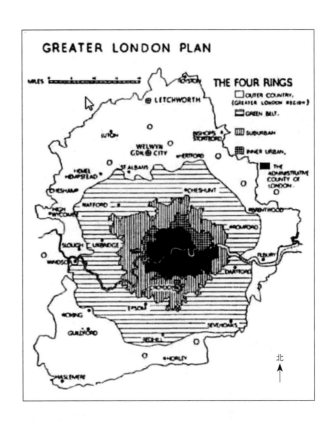

图10-4 大伦敦规划图
资料来源：网络

另外还计划疏散60万人到外圈地区现有小城镇。

大伦敦规划（1944年）范围覆盖6735平方公里，涉及134个地方政府，人口1250多万。因此该规划已经不再仅仅是一个伦敦市区的总体规划，而是整个大都市地区的规划。

艾伯克隆比在制定规划过程中吸收了霍华德与盖迪斯等先驱思想家们关于以城市周围的地域作为城市规划考虑范围的思想。这一规划方案对当时控制伦敦市区自发性蔓延，以及改善已很混乱的城市环境起到了一定的作用。大伦敦规划的指导思想、布局模式以至规划方法，对20世纪四五十年代以后各国的大城市规划有深刻的影响。

第二节 斯德哥尔摩

斯德哥尔摩市政厅位于斯德哥尔摩市中心的梅拉伦湖畔（Mälaren），是该市市政委员会的办公场所，也是斯德哥尔摩的形象和代表。

市政厅建于1911—1923年，由被称为"怪才"的瑞典著名建筑师拉格纳尔·奥斯特伯格（Ragnar Ostberg，1866—1945年）设计。市政厅位于国王岛（Kungs Holmen）的东南角，两面临水。从梅拉伦湖的对岸远望斯德哥尔摩市政厅，这座建筑给人最强烈的视觉冲击便是那耀眼的红砖墙，以及阳光下熠熠闪亮的金顶，这使得市政厅无论是在白雪覆盖的冬季，还是在碧波荡漾的夏天，都显得分外光彩夺目。

市政厅内的蓝厅（Blue Hall）是每年12月10日诺贝尔奖颁奖结束后举行晚宴的地方。这是一个内庭院式的大厅，与整组建筑的外庭院相呼应。

市政厅右侧是一座高106米，带有3个镀金皇冠的尖塔，代表瑞典、丹麦、挪威三国人民的合作无间。市政厅周围广场宽阔，绿树繁花、喷泉雕塑点缀其间，加上波光粼粼湖水的衬映，景色典雅、秀美。高塔无疑对斯德哥尔摩城市空间景观起着主导作用（图10-5a、图10-5b）。

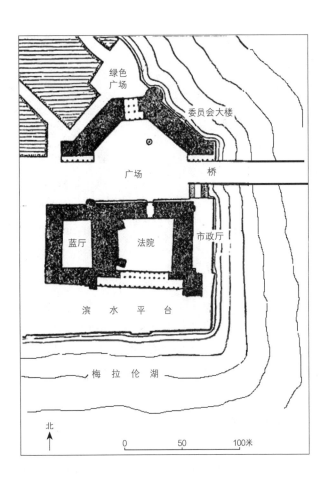

图10-5a 斯德哥尔摩
中心平面
资料来源：上海同济大
学建筑理论与历史教研
组编，《外国建筑史参考
图集》，1967年

图10-5b 斯德哥尔摩
市政厅
资料来源：笔者摄

第三节 巴塞罗那

一、巴塞罗那城墙

公元前236年，迦太基人在巴塞罗那建立殖民地，罗马人占领了该地后，修建集市和城墙，使该城成为贸易中心。3世纪末，巴塞罗那遭到入侵，罗马人赶紧修补了城墙，并建了74座塔楼。巴塞罗那于1137年成为加泰罗尼亚（Catalunya）和阿拉贡王国（Reino de Aragón）的首府。15世纪初，巴塞罗那及其所辖地区并入西班牙国（Bandera de España）。

13世纪巴塞罗那又扩建了城墙。在1714年该城被波旁王朝（Bourbon）的军队占领，城墙变成了监狱的围墙。到近代，城墙逐渐成为制约城市发展的枷锁，1854—1868年，巴塞罗那拆除了中世纪修建的城墙（图10-6）。

二、塞尔达规划

伊尔德方斯·塞尔达（Ildefons Cerdà，1815—1876年）于1854年开始对西班牙巴塞罗那的规划设计。

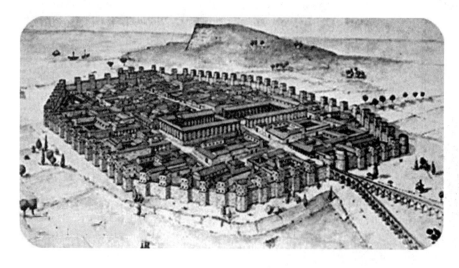

图10-6　巴塞罗那城墙
资料来源：网络

　　1855年，塞尔达已经为初步扩建规划勘测并绘制了巴塞罗那的第一份精确地形图，他的改造规划很快得到了市议会的批准。然而在1859年，一个新当选的委员会为"扩展区"举行了一场紧急竞赛，举行这次竞赛的理由是塞尔达最初的规划没有考虑到现存的中世纪城区。紧急竞赛的结果是塞尔达的规划再次获胜。不过由于未知的原因，市议会宣布比赛结果无效。马德里的中央政府给予了塞尔达规划支持，并允许他"自费"继续设计工作。1860年，在中央政府的批准下，塞尔达的规划再次获得通过。

　　塞尔达规划（Plan Cerdà）以棋盘式的路网对大约9平方公里用地进行了均分，划分出520个大致113米见方的街坊，形成小街坊、密路网的格局（图10-7a ～图10-7c）。5层高的条形建筑沿着街坊的边布置（但不是每一条边都布置建筑），中间留出绿地空间，让每栋建筑都有良好的采光、通风和景观。相邻的街坊组合在一起还可以形成更大的中心绿地或者带状绿地。街坊转角的建筑面向街角形成45度切角，给每个交叉口留出充足的空间，这样也就形成了一个个八边形的街区。

　　街道宽度被限定为20米、40米以及60米三种尺寸，在不同情况下设置，以保证交通通畅。每条道路旁都有成排的大树，给行人以人道主义关怀。街道基本上保持互相垂直，并且在每个十字路口都做倒角的处理，这样能在各种情况

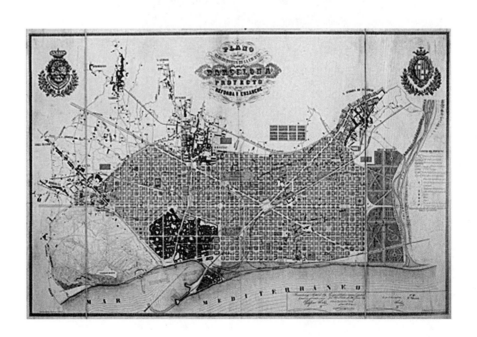

图10-7a　塞尔达规划
资料来源：网络

图10-7b 巴塞罗那棋
盘式路网
资料来源：网络

图10-7c 巴塞罗那的
街坊
资料来源：网络

下加快车流过弯的速度，减少了堵车情况的产生，从而加快城市内部交通的速度。塞尔达还在街坊四周20米宽的道路两侧各留了5米宽的人行道，使每个街坊四周均形成连续的步行道。

在这个规划中，塞尔达对城市整体布局方式与城市所处大环境进行了协调处理。这种小街坊、密路网的布局方式透露出他对城市居住、就业、娱乐等功能的混合安排以及对城市交通、绿色空间的考量。他为了保障居住建筑的采光、通风、景观而对居住建筑布局做出的种种规定，以及所有这些物质环境安排的背后体现了他对城市公平问题的注重。

一个个带有45度切角的单元，就是塞尔达计划里的核心，一个经过仔细研究和详细设计的城市街区结构。最初，每个单元是两侧有建筑或建筑呈L形（三面），这样阳光和风就可以进入单元中被人们享用。单元每侧长度为113.3米，切角长15米，单元深度为20米，建筑高度为16米，面积为12370平方米，里面种植的树间隔8米，这样的单元空间有520个。所有单元区域建筑的正面都朝阳，在冬、夏分别带来了增温和降温的功能。在最后的建设过程中，人们把建筑高度提高到了20米，因为高20米和高16米一样可以让阳光照进单元区域里。格兰大道（Gran Vía）宽50米，格拉西亚大道（Passeig de Gracia）宽60米。

45度的切角是为电车转弯半径预留的，此外还能让车辆在转弯时不用过多减速。每一个区域都有自己的商店、服务设施、市场和学校，更大型的机构如医院、墓地、公园、广场和工业建筑也都按计算来分布。此外塞尔达对于城市的规划是综合性的，融入了对商品、信息和能源等方面的考虑。

规划的结果是新建的"扩展区"（Eixample）每900米有一个市场，每1500米有一个公园、三个医院、一个公墓、三个教堂和一片树林。每个街区中心都有花园，单元区域都能拥有健康的阳光和新鲜的空气，富人和穷人都能享受平等的服务，这正是塞尔达当初的设想。

三、巴塞罗那国家宫

西班牙巴塞罗那国家宫（Palau Nacional）原为1929年世界博览会兴建的展览馆，1934年正式改建成为加泰罗尼亚国家艺术博物馆（Museu Nacional d'Art de Catalunya）的馆舍。由于雄踞蒙特惠奇山（Montjuic）上，加泰罗尼亚国家艺术博物馆成为玛丽亚·克里斯蒂娜王后大道（Avinguda de la Reina Maria Cristina）绝妙的对景，也是这个地区的制高点（图10-8a～图10-8d）。

国家宫由贝利·多梅内克·伊·鲁拉监督，建筑师尤金尼奥·森多亚和安瑞科·卡塔主持设计建造，建筑面积达32000平方米。石阶上的瀑布和喷泉是卡尔雷斯·布伊卡的杰作，并在此安放了九个大型射灯。

图10-8a　西班牙巴塞罗那
国家宫
资料来源：笔者摄

图10-8b　西班牙巴塞罗那
克里斯蒂娜王后大道（1）
资料来源：笔者摄

图10-8c　西班牙巴塞罗那
克里斯蒂娜王后大道（2）
资料来源：笔者摄

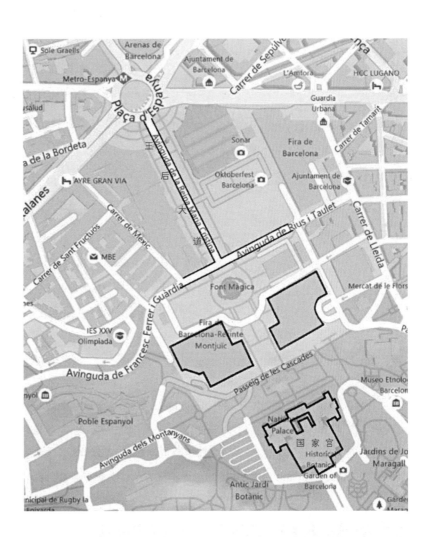

图10-8d 西班牙巴塞罗那克里斯
蒂娜王后大道总平面
资料来源：笔者绘制

华盛顿

　　美国首都华盛顿（Washington D.C.）位于美国东部波托马克河（Potomac River）及其支流阿纳卡斯蒂亚河（Anacostia River）交汇处的北岸高地上。美国独立战争（American Revolutionary War，1775—1783年）胜利后，1780年选定该地建都，并以总统乔治·华盛顿（George Washington，1732—1799年）的姓氏命名。华盛顿全称是"华盛顿哥伦比亚特区"（Washington，District of Columbia，图10-9a、图10-9b）。

一、郎方规划

　　1791年，根据《首都选址法案》（Residence Act），华盛顿邀请法国工程师皮埃尔·查尔斯·郎方（P. C. Le Enfant，1754—1825年）在波多马克河边约50平方公里的土地上为新生的美国规划一个首都城市。最初华盛顿和国务卿杰弗逊（Thomas Jefferson，1743—1826年）给郎方的任务仅仅是联邦办公大楼的

图10-9a　华盛顿
资料来源：网络

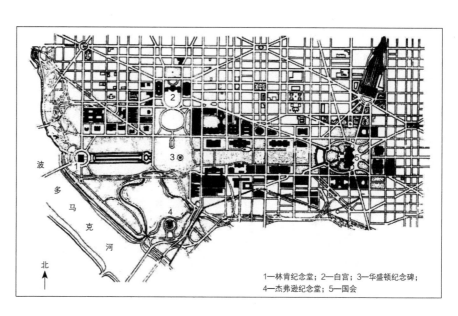

图10-9b 华盛顿中心区平面
资料来源：广东工业大学蕴瑜课堂，《建筑史·第一章 18世纪下半叶—19世纪下半叶欧洲与美国的建筑》

北

1—林肯纪念堂；2—白宫；3—华盛顿纪念碑；
4—杰弗逊纪念堂；5—国会

选址和设计，但是郎方认为新首都的规划远远复杂过几幢建筑物的设计。1791年6月，郎方在到达新首都3个月后就为华盛顿上交了第一份规划草稿，正式稿在8月递交总统。

在该规划（图10-10）中，郎方明确提出国会（Congress）将坐落在金斯山上（Jenkins Hill，即今天的国会山），总统府白宫（The White House）将坐落在与波多马克河平行的山脊上，配有公共花园和纪念性建筑。规划将城市街道详细设定为方形网格状，由东西向大道和南北向大街组成。新首都还设计了13条辐射状的斜线马路，以显示美国独立时13个成员州的重要性。在辐射斜马路切割方形网格道路的交叉口，设计圆形或矩形环岛并在环岛的开放空间内以雕塑形式纪念伟大人物。郎方还规划了一条400英尺（122米）宽，1英里（1.6公里）长的东西向"林荫大道（Grand Avenue）"，也就是后来位于林肯纪念堂和国会大厦之间的"国家草坪（National Mall）"。同时，郎方设计了一条略窄的道路，即今天的宾夕法尼亚大街（Pennsylvania Avenue），使总统府和国会之间有一条捷径连接。

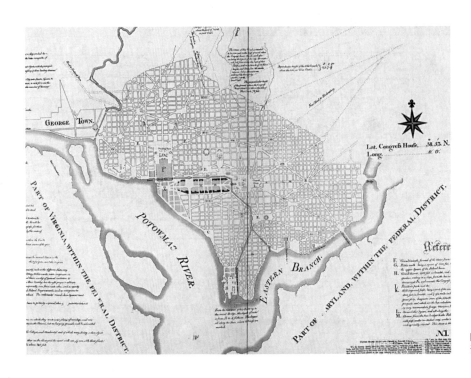

图10-10　朗方的华盛顿规划
资料来源：网络

二、麦克米伦规划

　　1901年美国政府成立了一个参议院公园委员会（Senate Park Commission），由参议员麦克米伦（James McMillan）倡导成立并担任主席。该委员会成立的目的就是研究华盛顿特区的城市发展，特别是国会和总统府区域的景观营造。

　　麦克米伦规划（McMillan Plan，图10-11a、图10-11b）受波士顿大都市公园体系[2]的影响，建议修建大量的公园，尤其是在城市边界部分，以公园来环绕城市。规划将国会及总统府区域现有的维多利亚式的景观修改为简单开阔的草地和紧凑的林荫路，并将一些新古典主义风格的博物馆和文化中心安排在林荫大道的东西向轴线上。规划还建议在国会及总统府2个垂直交叉轴线的西部和南部建造重要的纪念性景观和映射水池，建议修建低平的古典主义桥梁将西波托马克公园[3]与阿灵顿公墓（Arlington National Cemetery）连接起来。

2　波士顿大都市公园体系，由被称为"美国风景园林学之父"的奥姆斯特德（Frederick Law Olmsted，1822—1903年）设计。设计从位于市中心的波士顿公园到富兰克林公园，形成一条约16公里的"翡翠项链"，入目皆是一片葱绿的公园。

3　由于波托马克河在林肯纪念堂西南方形成一个潮汐潭（Tidal Basin），且这一带地势平缓，故而，此处安排了宪法公园和罗斯福纪念公园等一系列的公园和绿地，其间点缀着各种纪念雕塑和建筑精品。潮汐潭把这里分割为东、西两个波托马克公园，西波托马克公园有杰弗逊纪念堂、林肯纪念堂等代表性建筑。

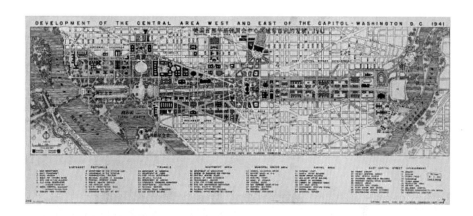

图10-11a　麦克米伦规划
资料来源：网络

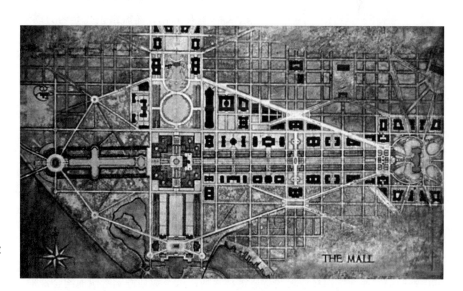

图10-11b　麦克米伦规划的国家
林荫大道
资料来源：网络

　　麦克米伦规划公布后，有些内容得到了实施，如修建了国家林荫大道（National Mall）、林肯纪念堂（Lincoln Memorial）等。华盛顿特区还在前述两个早期规划的基础上，陆续完成了一系列城市规划，包括城市公园系统规划、"遗产规划"（Extending the Legacy by NCPC，1997年，简称Legacy Plan）、"纪念性景观和博物馆总体规划"（Memorials and Museums Master Plan，2001）等，推动了华盛顿特区逐渐发展成为一个绿色的现代都市。

第五节 堪培拉

澳大利亚首都堪培拉（Canberra）是按照规划建设起来的城市。

1911年4月，澳大利亚联邦举行了新首都规划设计的国际竞赛，美国建筑师瓦尔特·伯利·格里芬（Walter Burle Griffin，1876—1937年）的方案获一等奖。格里芬吸取了获得前三名的三个方案的长处，重新设计了一个方案，新城市的建设即按此实施。1913年3月12日举行奠基典礼，新城市正式命名为堪培拉。1927年，堪培拉基本建成，澳大利亚迁都于此。1977年，堪培拉人口20万人，面积440平方公里。

格里芬的规划方案将城址选择在澳大利亚东南部跨莫朗格洛河（Molonglo）两岸的丘陵和平地上。北面有较平缓的山丘，东、南、西三面有森林茂密的高耸山脊。格里芬把这个地形比喻为一个不规则的露天剧场，高山好比是剧场的顶层楼座，倾斜向水边的山坡好比是宽广的观众席，下面的水面如同中心竞技场。堪培拉地区边缘的山脉作为城市的背景，市区内的山丘作为重要建筑物的场地或城市中各个对景的焦点。格里芬以巨大的尺度规划了城市中心地区，提出在莫朗格洛河上筑水坝，形成广阔的湖面，水光山色相互掩映。政府建筑物的庄严轮廓鲜明地突起在群山的层层密林之前。这个规划方案密切地结合地形，构成城市轴线，由多角的几何形和放射线路网将城市的园林和建筑物组成相互协调的有机整体，使堪培拉既有首都所需要的庄严气概，又有花园城市的优美风貌（图10-12a～图10-12d）。

1957年，英国城市规划专家W.G.霍尔福德对格里芬的规划总图作了一些重要修改：将道路网按现代的交通要求重新设计；将城市的重要建筑物适当地分散布置，使城市中心与周围住宅区的关系密切起来；改进了城市轴线的设计，以取得更好的视觉效果。

1970年代，堪培拉中心区已按规划基本建成，主要的轴线干道系统、人工湖和跨湖桥都已建成。居住区保持了低密度的澳大利亚传统花园小区的特色，人均城市绿地面积70平方米。

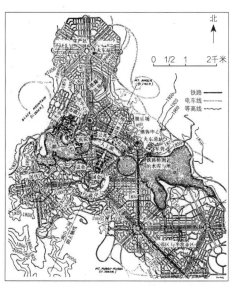

图10-12a　格里芬堪培拉规划
资料来源：沈玉麟. 外国城市建
设史·第十五章二十世纪二次大战
前的城市规划与建设. 中国建筑
工业出版社，1989

图10-12b　堪培拉中心区规划
资料来源：Лавров В.А. Планировка
и застройка общественных центров
больших городов. Планировка
и застройка больших городов.
Москва，1961

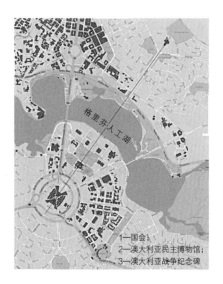

图10-12c　堪培拉平面
资料来源：笔者绘制

图10-12d　堪培拉鸟瞰
资料来源：网络

第六节

新德里

印度首都新德里（New Delhi），位于该国西北部，坐落在恒河（Ganges River）支流亚穆纳河（Yamuna）西岸。

1648年，莫卧儿王朝（Mughal Empire，1526—1858年）皇帝沙贾汗（Shahbuddin Mohammed Shah Jahan，1592—1666年）从阿格拉（Agra）迁都到德里。19世纪中期，英属印度的首都迁至加尔各答（Kolkata）。1911年，德里再次成为印度首都，后来在德里城外的西南开始兴建一座城并于1931年完工，这座城就是新德里。新德里和老德里中间隔着一座印度门（Gateway of India），印度门以南为新德里，印度门以北为老德里。1950年1月26日，独立后的印度宣布成立印度共和国，定都新德里。

英国建筑师埃德温·兰西尔·勒琴斯爵士（Sir Edwin Landseer Lutyens，1869—1944年）规划了新德里。

新德里的中心是建立在山丘之上的总统府。总统府建于1929年，原名维多利亚宫，印度独立后改名为总统府。总统府坐西向东，采用红砂石建造，半球形圆顶反映出莫卧儿王朝的遗风（图10-13a～图10-13c）。

正对总统府正门的是一条宽阔笔直的"国家大道"，直通印度门。印度门高48.7米，拱门高42米、宽21.3米，巍峨雄壮，它是为纪念第一次世界大战中英国

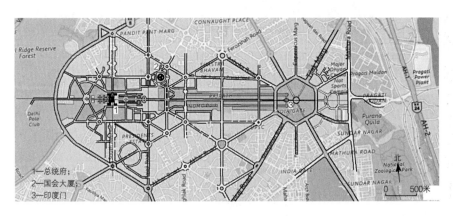

1—总统府；
2—国会大厦；
3—印度门

图10-13a　新德里中心轴线
资料来源：笔者绘制

图10-13b　新德里总统府——印度门（上）
资料来源：网络

图10-13c　新德里印度门（下）

和印度的7万名阵亡战士所建。印度门与总统府、国会大厦等国家政府建筑遥遥相望。中间是一条长达几公里的广阔的绿化带。

印度门下，可以看到三面旗帜。在旗帜下，就是无名战士纪念碑。

国家大道两侧是大片的草地，其间点缀着9个面积不小的水池。每年1月26日，这里都要举行声势浩大的国庆游行，可容纳数十万人来此观礼。

总统府的左侧是国会大厦，建筑平面采用的是圆盘形状，主体四周围以白色大理石巨型圆柱，为典型的中亚细亚式建筑。

国家大道两侧草坪之外是外交部、国防部等各部大楼，这一带楼群大都是用红砂石所建，各建筑之间搭配默契，浑然一体。再向外延伸则是一些整齐有序的白色、淡黄色、浅绿色的楼群。

勒阿弗尔

第七节

勒阿弗尔（Le Havre）是法国北部诺曼底（Normandie）地区的第二大城市，位于塞纳河（La Seine）河口，濒临英吉利海峡（English Channel），被称为"巴黎外港"（图10-14）。

1517年，法国国王弗朗索瓦一世（François Ⅰ）下令修建"恩典勒阿弗尔"，当时称为"弗朗索瓦"。18世纪，勒阿弗尔从事法国和欧洲以及西印度群岛的贸易工作，19世纪其发展成一个工业中心。

勒阿弗尔在第二次世界大战期间遭到了惨烈轰炸（图10-15a）。1945—1964年，根据奥古斯特·佩雷（Auguste Perret，1874—1954年）领导的团队的规划，对炸毁区域进行了重建（图10-15b、图10-15c）。

重建的勒阿弗尔是一座"绿色城市"，绿化面积达700公顷，人均拥有绿地36平方米。全城随处可以找到公园、花坛、草坪小憩。市内的Montgeon森林是娱乐休闲的天堂世界，拥有200公顷的树木带和30公顷的绿地。森林里设有一个450平方米的温室。此外，森林里还有很多娱乐设施：游乐场、湖上划船、运动场、露营地等。

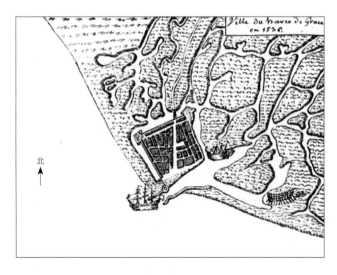

北

图10-14　1536年的勒
阿弗尔平面
资料来源：网络

图10-15a 被炸后的1944年勒阿
弗尔
资料来源：网络

图10-15b 重建后的勒阿弗尔平面
资料来源：沈玉麟. 外国城市建
设史·第十六章战后40年代后期
的城市规划与建设. 北京：中国
建筑工业出版社，1989

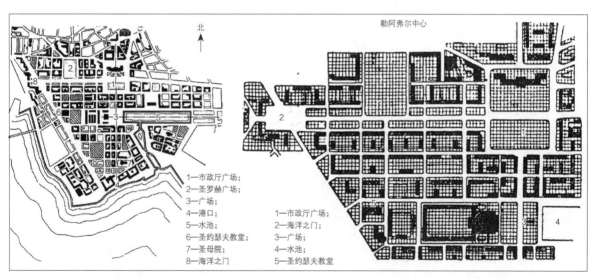

北

勒阿弗尔中心

1—市政厅广场；
2—圣罗赫广场；
3—广场；
4—港口；
5—水池；
6—圣约瑟夫教堂；
7—圣母院；
8—海洋之门

1—市政厅广场；
2—海洋之门；
3—广场；
4—水池；
5—圣约瑟夫教堂

　　勒阿弗尔在重建中，融合了原城市布局的设想和未毁的历史建筑现状，同时融入了城市规划和建筑技术的新观念，以其协调和完整而独具一格成为战后城市规划和建筑的典范。勒阿弗尔以两条干道为轴线，在交叉处设置了市政厅广场（图10-15d、图10-15e）。市政厅以18层高塔高耸于一般的四、五层的多层建筑之上。体形高大的圣约瑟夫教堂更以高103米的塔尖丰富了城市的轮廓（图10-15f）。重建的勒阿弗尔继承了西方以教堂和市政厅为城市中心的传统。

另外，预制构件的使用和模块网络（6.24米×6.24米）的系统利用，使勒阿弗尔的建筑风格趋于统一协调。

勒阿弗尔圣母院是勒阿弗尔市中心幸免于第二次世界大战炮火的为数不多的古建筑，也是当地仅剩的16世纪建筑遗迹。1522年，勒阿弗尔市刚刚建立不久，就在市区的主街道上用木头和茅草建立了一个小礼拜堂。此后，教堂进行了整体加固且增建了钟塔（图10-15g），并于19世纪重建。

图10-15c　勒阿弗尔主要街景
资料来源：Баранов Н.В. Композиция центра город. Москва，1964

图10-15d　勒阿弗尔市政厅广场
资料来源：网络

图10-15e　勒阿弗尔圣约瑟夫教堂
资料来源：网络

图10-15f　勒阿弗尔圣母院
资料来源：网络

第八节

昌迪加尔

昌迪加尔（Chandigarh）是印度哈里亚纳邦（Haryana）和旁遮普（Punjab）共有的行政首府，位于什瓦利克山脉（Shivaliks）的丘陵地带，是印度主要的工业和制造业中心、印度第七大城市。

昌迪加尔是从平地兴建起来的新城市，是印度第一个按规划建设的城市。1951年法国建筑师勒·柯布西耶（Le Corbusier，1887—1965年）受聘负责新城市的规划工作（图10-16a ～图10-16c）。他制定了城市的总体规划，并从事首府行政中心的建筑设计工作。昌迪加尔位于喜马拉雅山南麓干旱的平原上，市区多法国式建筑，划分为30个长方格形，行政区位于北部，西为大学区，东为工业区，市中心有绿色地带与空旷处和宽狭不同的道路系统。城市另有航空站。

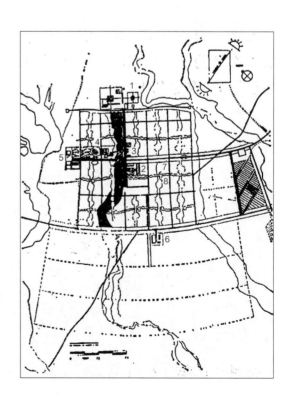

1—行政中心；
2—商业中心；
3—接待中心；
4—博物馆与运动场；
5—大学；
6—市场；
7—绿地与游憩设施；
8—传统商业街

图10-16a　昌迪加尔总体规划
资料来源：网络

昌迪加尔的总体规划贯穿了勒·柯布西耶的关于城市是一个有机体的规划
思想，并以"人体"为象征进行城市的规划布局。城市的中心，从城市空间构
图角度讲，仍然体现了传统的美学观念。

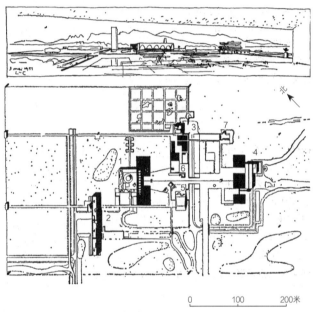

0　　　100　　　200米

1—议会；2—政府大厦；3—州长府邸；4—法院；5—神堂；
6—州长府邸前的水池；7—纪念性雕塑

图10-16b　昌迪加尔行
政中心
资料来源：网络

图10-16c　昌迪加尔标
志雕塑
资料来源：网络

第九节 巴西利亚

为开发内地，1956年巴西总统库比契克（Juscelino Kubitschek de Oliveira，1902—1976年）决定迁都内地。1957年，建都工程启动。1960年，在历时三年零七个月时间后，一座现代化的都市——巴西利亚（Brasilia）在巴西内地建成。1960年4月21日，巴西首都从里约热内卢（Rio de Janeiro）迁至巴西利亚。

巴西利亚位于中部戈亚斯州（Goiás）境内马拉尼翁河（Maranon，Rio）和维尔德河（Viaud）汇合而成的三角地带上，海拔1100米。

巴西利亚的城市规划师是卢西奥·科斯塔（Lucio Costa，1902—1998年），建筑师是奥斯卡·尼迈尔（Oscar Ribeiro de Almeida Niemeyer Soares Filho，1907—2012年）。

新区总平面布局像一架机头向东且有后掠翼的喷气式飞机（图10-17a）：机头部位有三权广场、议会、总统府和最高法院，是整个国家的神经中枢；机身前部是17座对称的政府各部办公大楼。议会大厦由众参两院会议厅和超高办公楼组成。在广场的正面是两栋比肩而立、高达25层的两院大楼，一边为参议院，一边为众议院，中间用一个楼道相连，呈H形，"H"在葡萄牙语中是"人类"一词的首字母。两院会议厅是扁平体，长240米，宽89米，平顶上突出一仰一覆两个碗形屋顶，上仰的是众议院会议厅，下覆的是参议院会议厅，分别象征民主和集中（图10-17b～图10-17d）。

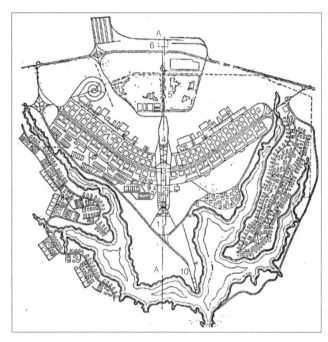

0 1 2 3 4 5千米

1—三权广场；
2—行政厅地区；
3—商业中心；
4—广播电视台；
5—森林公园；
6—火车站；
7—多层住宅区；
8—独院式住宅区；
9—使馆区；
10—水上运动设施

图10-17a 巴西利亚规划
资料来源：沈玉麟. 外国城市建设
史·第十七章20世纪50年代的城
市规划与建设. 北京：中国建筑工
业出版社，1989

图10-17b 巴西利亚
鸟瞰
资料来源：网络

图10-17c 巴西利亚三
权广场鸟瞰
资料来源：网络

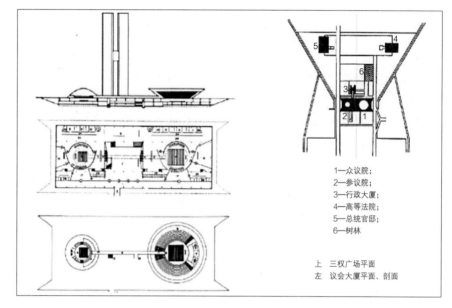

图10-17d　巴西利亚三权广场平剖面
资料来源：沈玉麟. 外国城市建设史·第十七章20世纪50年代的城市规划与建设. 北京：中国建筑工业出版社，1989

1—众议院；
2—参议院；
3—行政大厦；
4—高等法院；
5—总统官邸；
6—树林

上　三权广场平面
左　议会大厦平面、剖面

主要参考文献

[1] 沈玉麟. 外国城市建设史[M]. 北京：中国建筑工业出版社，1989

[2] 陈志华. 外国建筑史（19世纪末叶以前）[M]. 4版. 北京：中国建筑工业出版社，2010.

[3] Бунин А.В. История Градостроительного Искусства. Том Первый[M]. [S.l.]: Москва, 1953.

[4] Баранов Н.В. Композиция центра города [M]. [S.l.]: Москва, 1964.

后记

在完成《中国古代的城市设计——营邑立城 制里割宅》后，还想探寻一下外国古代传统的城市设计。但这个课题的内容太庞杂，非本人力所能及。遂将内涵限定在城市空间构图上，而且是传统意义上的。即使如此，这仍然是一个极其繁复的课题。本书算是一份答卷。

本书不少资料取自网络，恕不一一注明，在此表示感谢。

感谢何玉如先生为本书题写书名。何玉如是我清华建筑系研究生学习时的同窗、同室的挚友。

感谢南京历史文化名城研究会副秘书长王宇新先生对书稿提出了中肯的意见和建议，并为出版事务辛勤奔忙。

图书在版编目（CIP）数据

外国传统的城市空间构图：神工天巧　文明互鉴 /
苏则民著. -- 北京：中国建筑工业出版社，2024.6.
ISBN 978-7-112-30197-3

Ⅰ . TU984.11

中国国家版本馆 CIP 数据核字第 20246672R1 号

责任编辑：兰丽婷　石枫华
责任校对：王　烨

外國傳統的城市空間構圖
——神工天巧 文明互鉴

苏则民　著

*

中国建筑工业出版社出版、发行（北京海淀三里河路9号）

各地新华书店、建筑书店经销

北京锋尚制版有限公司制版

北京中科印刷有限公司印刷

*

开本：787 毫米 × 1092 毫米　1/16　印张：16¾　字数：303千字

2024 年 6 月第一版　　2024 年 6 月第一次印刷

定价：**78.00**元

ISBN 978-7-112-30197-3

（43024）